W0236601

Melanie Dressler

Events und Veranstaltungen professionell managen

Tipps und Tools für die tägliche Praxis

BusinessVillage
Update your Knowledge!

Melanie Dressler

Events und Veranstaltungen professionell managen
Tipps und Tools für die tägliche Praxis
Göttingen: BusinessVillage, 2004
ISBN: 978-3-934424-90-6
© BusinessVillage GmbH, Göttingen

Bezugs- und Verlagsanschrift

BusinessVillage GmbH
Reinhäuser Landstraße 22
37083 Göttingen

Telefon: +49 (0)5 51 20 99-1 00
Fax: +49 (0)5 51 20 99-1 05
E-Mail: info@businessvillage.de
Web: www.businessvillage.de

Layout und Satz

Sabine Kempke

Bestellnummern

PDF-eBook Bestellnummer EB-618
Druckausgabe Bestellnummer PB-618
ISBN: 978-3-934424-90-6

Danksagung:

Für die umfassende redaktionelle Bearbeitung danke ich
Albrecht Kaltenhäuser sehr herzlich.

Ein großes Dankeschön geht ebenfalls an
Christian Hoffmann und Sabine Kempke vom Verlag
BusinessVillage für die außerordentlich gute
Zusammenarbeit.

Und kein Buch ohne Idee –
daher danke ich Sabine Asgodom dafür,
mir „diesen Floh ins Ohr" gesetzt zu haben!

Über den Autor

Melanie Dressler, 34 Jahre, Event-Management-Ökonom (VWA), ist seit 2002 Inhaberin der Spezial-Agentur für ausgebildetes Veranstaltungspersonal DKTS (Der Konferenz- und TagungsService). 2003 wurde sie für ihr innovatives Konzept mit dem Frankfurter Gründerpreis ausgezeichnet.

Zuvor war Melanie Dressler Geschäftsleitungssekretärin und Vorstandsassistentin – zehn Jahre Berufspraxis, in denen sie Veranstaltungen und Events aus Unternehmenssicht intensiv kennen lernte.

Aus dieser Erfahrung resultierend sieht Melanie Dressler in Qualität und Service die maßgeblichen Faktoren für den Veranstaltungserfolg. Dass dabei in der Eventbranche noch Verbesserungsbedarf besteht, belegt die „Studie zur Bewertung externer Veranstaltungspartner (SBeV)" mit Unternehmen der Börsensegmente DAX, MDAX & SDAX, die sie in Auftrag gab, um Aufschluss über die Erwartungen und Anforderungen von Unternehmensseite zu erhalten.

Ihr Wissen zum Thema Veranstaltungsorganisation gibt Melanie Dressler als Referentin auf Fachkongressen und Tagungen sowie als Dozentin im Bereich der Erwachsenenfortbildung weiter. Sie ist außerdem Autorin zahlreicher Fachartikel.

Melanie Dressler ist begeisterte Netzwerkerin. Im Jahre 2003 gründete sie das „Expertennetzwerk zum Erfahrungsaustausch unter Veranstaltungsprofis" in Frankfurt am Main. Darüber hinaus ist sie Arbeitskreisleiterin bei den Wirtschaftsjunioren an der IHK Frankfurt am Main.

Kontaktdaten der Autorin:

DKTS

Der Konferenz- und TagungsService

Altenhöferallee 3

60438 Frankfurt am Main

Internet: www.dkts.de

E-Mail: melanie.dressler@dkts.de

1. Einleitung

Veranstaltungen „schnell mal eben so" miterledigen? Gerade Sekretärinnen, aber auch Mitarbeiter aus Marketing und verwandten Unternehmensbereichen kennen diese Situation häufig nur zu gut.

Doch bei Veranstaltungen handelt es sich um einmalige und nicht wiederholbare Live-Erlebnisse. Und die Praxis zeigt: Das Risiko, dass die Veranstaltungsziele nicht erreicht werden, ist hoch.

Worin die Schwierigkeiten der Veranstaltungsorganisation in der täglichen Praxis liegen, zeigen einige typische Kommentare meiner SeminarteilnehmerInnen:

"Ich hätte die ganze Vorbereitung fast nicht geschafft. Als das Projekt angekündigt wurde, wollten ganz viele aus unserer Firma mitmachen – aber je näher der Termin rückte und je konkreter die Aufgaben wurden, desto weniger Kollegen hatten Zeit zur Mitarbeit. Zum Schluss blieb fast alles an mir hängen und ich saß wochenlang immer bis spät abends im Büro."

"Wir haben unser Budget haushoch überschritten. Hinterher sagten mir zwar viele, sie kennen diesen und jenen guten und günstigen Caterer, Künstler, Techniker und so weiter – aber ich hatte diese Kontakte vorher nicht und habe wahrscheinlich viel zu viel bezahlt."

"Schon in der Planungsphase veränderten sich die Rahmenbedingungen unserer Veranstaltung ständig. Dauernd hatte unser Geschäftsführer neue Ideen zum Catering und der Location. Manches vergaß er auch, mir zu sagen und merkte es dann erst kurz vor der Veranstaltung. Dann brach Hektik aus und einiges ging schief."

"Unser Veranstaltungstermin war viel zu knapp angesetzt. Wir haben es nur noch im Eilverfahren geschafft, Einladungen gedruckt zu bekommen. Viele unserer Wunschgäste hatten schon andere Termine im Kalender.

Und dann war an diesem Abend noch Fußball-EM – es kamen nur die Hälfte der Gäste, die zugesagt hatten."

Eine organisierte Veranstaltungsplanung wird Ihnen nicht nur helfen, all diese kleinen und großen Klippen und Gefahren zu umschiffen, sondern aus dem geplanten Event einen planbaren Erfolg zu machen – für Ihr Unternehmen und für Sie persönlich!

In diesem Praxisleitfaden geht es aber auch um eine zeit-, budget- und nervenschonende Veranstaltungsorganisation. Und dafür bieten wir Ihnen folgende Werkzeuge:

Sie lernen die entscheidenden Schritte der Veranstaltungsplanung kennen – und zwar in der Reihenfolge, in der diese bei Ihrer Tätigkeit auf Sie zukommen.

Sie erhalten zu allen Schritten viele erprob-
te Praxistipps für Ihren Veranstaltungserfolg
sowie im Anhang eine Zusammenstellung
meiner wichtigsten Recherchequellen.

Mit praxiserprobten Checklisten können
Sie unmittelbar in Ihre eigene Veranstaltungsplanung einsteigen.

Sie lernen, die Zufriedenheit Ihrer Teilnehmer messbar zu erhöhen und dadurch
Ihren Veranstaltungserfolg zu steigern.

Denn:
Veranstaltungsorganisation ist Fleiß-
arbeit. 90 % des Erfolges beruhen auf
solider Vorbereitung und gründlicher
Planung.

Mit diesen Informationen und Arbeitsmitteln
sind Sie in der Lage, Ihre Veranstaltungen
sicher zur organisieren, durchzuführen und
den Erfolg zu messen.

Ich wünsche Ihnen viel Vergnügen bei der
Lektüre dieses Praxisleitfadens und drücke
Ihnen fest die Daumen für Ihre nächste Ver-
anstaltung!

Noch ein Hinweis: Ich möchte, dass sich
Frauen wie Männer in diesem Buch angesprochen fühlen. Wo es passt, verwende ich
daher die männlich-weibliche Form mit dem
großen I, zum Beispiel „EventmanagerInnen". Wo dies für die Lesbarkeit allerdings
zu hinderlich ist, verwende ich die übliche
sächlich-männliche Form.

2. Basiswissen Eventorganisation

Veranstaltungsorganisation – der vielseitige Traumberuf

Wohl kaum eine Aufgabe ist so vielfältig wie die des Eventmanagers. Im Idealfall sind Sie eine möglichst gelungene Mischung aus:

- Buchhalter
- Dekorateur
- Dolmetscher
- Elektriker
- Entertainer
- Gastgeber
- Grafiker
- Cateringspezialist
- Kreativdirektor
- Lehrer
- Marketingfachmann
- Moderator
- Projektmanager
- Rechtsanwalt
- Redenschreiber
- Sicherheitsexperte
- Sommelier
- Veranstaltungstechniker
- Sponsoringfachmann
- Trainer

– und nicht zu vergessen: Psychologe!

Dabei sind die Anforderungen in sämtlichen Bereichen hoch: Abläufe müssen durchdacht und geplant, Bedürfnisse befriedigt, Einzelbausteine organisiert, externe Dienstleister eingebunden und alle Beteiligten bei Laune gehalten werden.

Und im Ernstfall haben Sie als EventmanagerIn immer einen funktionierenden „Plan-B" in der Tasche.

Das alles hat Sie noch nicht abgeschreckt? Sehr schön, denn das Positive dabei sollte nicht vergessen werden: EventmanagerIn ist ein wirklich abwechselungsreicher Beruf – für manche der Traumjob schlechthin!

So vielfältig die Aufgaben der EventmanagerIn, so vielgestaltig sind die verschiedenen Arten von Veranstaltungen: Aktionärs-Hauptversammlungen, Außendiensttagungen, Ausstellungen, Bälle, Einweihungsfeiern, Ehrungen, Empfänge, Festakte, Gala-Veranstaltungen, Händlertagungen, Incentive-Veranstaltungen oder -Reisen, Jubiläen, Kick-Off-Meetings, Klausurtagungen, Konzerte, Kulturveranstaltungen, Medientreffen, Messe, Mitarbeiterveranstaltungen, Outdoor-Veranstaltungen, Podiumsdiskussionen, Pressekonferenzen, Produktpräsentationen, Promotion, Richtfeste, Road Shows, Schulungen, Seminare, Sportevents, Symposien, Tage der offenen Tür, Teambuildingmaßnahmen, Vorträge, Weihnachtsfeiern und Workshops – die Liste will kein Ende nehmen.

Diese unübersichtliche Ansammlung von Veranstaltungsarten lässt sich durch Kategorisierung in bestimmte Veranstaltungsformen überschaubar machen. Hier einige Beispiele für gängige Veranstaltungsformen:

Veranstaltungsform	Beispiele für passende Veranstaltungsarten
Ausstellung: Präsentation von Produkten oder Neuheiten für ein (Fach)Publikum	• Produktpräsentation • Messe • Vernissage
Event: Veranstaltung mit Erlebnisfaktor oder Veranstaltung mit Zusatznutzen zu einem bestimmten Ereignis	• Eröffnung • Tag der Offenen Tür • Promotion
Gala: Feierliche, besonders exklusive Veranstaltung für einen ausgesuchten Teilnehmerkreis	• Ball • Empfang • Festakt
Konferenz: Besprechung oder Zusammenkunft von Experten – meist wird diskutiert oder verhandelt und ein Beschluss gefasst	• Besprechung • Podiumsdiskussion • Expertentagung
Seminar: Veranstaltung zur Vermittlung, Erarbeitung oder Vertiefung eines bestimmten Wissensgebietes	• Fachvortrag • Workshop • Praxisseminar
Veranstaltungsreihe: Veranstaltungen mit dem Ziel, das gleiche Thema oder Produkt an mehreren Orten vorzustellen	• Roadshow • Promotion-Aktion • Point-of-Sale-Aktion

Abbildung 1: Beispiele für Veranstaltungsformen

Praxistipp

Spielen Sie mit Veranstaltungsart und Veranstaltungsform.

Wirklich spannend für Ihre Gäste wird die Veranstaltung, wenn altbekannte Veranstaltungsarten ein neues Gesicht oder eine ganz untypische Form erhalten!

Planen Sie doch einmal eine Produktpräsentation in Form eines Zirkus:
Der Geschäftsführer ist der Zirkusdirektor, die einzelnen Entwicklungsschritte werden in akrobatischen Aufführungen umgesetzt, den Kreativteil übernehmen die Clowns, das Marketing der Zauberer, den Vertrieb der Löwenbändiger – und so weiter.

Oder gestalten Sie ein Seminar in Form einer (Wissens-)Auktion, bei dem die Teilnehmer Informationen, Trainerzeit, Workshops etc. ersteigern können.

Mit ein wenig Übung kommen Sie auf ganz fantastische Ideen zur Umsetzung Ihrer besonderen Veranstaltung, mit denen Sie Ihre Teilnehmer überraschen und begeistern werden! Hilfreiche Ideen zu Veranstaltungsaufbau und Kreativitätstechniken erhalten Sie auf den nächsten Seiten.

Zuerst einmal verlangt eine erfolgreiche Veranstaltung einen spannenden Ablauf, eine bestimmte „Dramaturgie":

Das Opening

Hier bieten Sie Ihren Teilnehmern Einstimmungshilfen auf das neue Themengebiet. Das Opening soll Ihren Teilnehmer helfen, geistig nicht auf der Strecke zu bleiben, sondern den Inhalten und Geschehnissen folgen zu können.

Der Mittelteil

Im Mittelteil achten Sie auf eine ausreichende Informationsvermittlung, aber auch auf den Unterhaltungsaspekt und das ausgewogene Timing der einzelnen Bausteine.

Das Finale

Das Finale ist der Paukenschlag Ihrer Veranstaltung! Es soll positiv und gefühlsbetont sein, in der Erinnerung Ihrer Teilnehmer haften bleiben, ein Ausrufezeichen setzen und zu einer Handlung aktivieren.

Denn:
Der erste Eindruck entscheidet.
Der Letzte bleibt.

Natürlich soll Ihre Veranstaltung auch außergewöhnlich, originell, kreativ sein! Gerade bei diesem Punkt höre ich oft resignierte Kommentare wie „Kreativität kann man nicht lernen!" oder „Das muss einem gegeben sein". Eben nicht: auch Kreativität – so sehr wir sie mit Spielerei verbinden – ist richtige Arbeit und wird nur den allerwenigsten geschenkt.

Ihnen stehen viele gute Arbeitsmittel zur Verfügung, um sich auf Kreativität zu programmieren. Einige beliebte Techniken aus der Praxis erhalten Sie hier:

Kreativitätstechniken

Schaffen Sie zunächst einmal die Rahmenbedingungen, die Sie zur Kreativität benötigen. Dazu ein paar grundsätzliche Überlegungen:

WO habe ich die besten Ideen?

▦ Am Arbeitsplatz oder Zuhause?

▦ Im Büro oder in der Natur?

▦ Ganz entspannt oder bei Routinetätigkeiten wie Sport oder Hausarbeit?

WANN habe ich die besten Ideen?

▦ Morgens oder abends?

▦ Hungrig oder satt?

▦ Durch Anreize oder unter (Zeit-)Druck?

WIE habe ich die besten Ideen?

▦ Beim Malen oder beim Schreiben?

▦ Im Austausch mit Insidern oder im Gespräch mit Themen-Fremden?

▦ Beim Brainstorming mit anderen oder alleine?

Sicher werden Sie nicht immer alle für Sie optimalen Bedingungen herstellen können, aber besser einige als gar keine!

Wenn die Rahmenbedingungen stimmen, können Sie sich der passenden Methode zuwenden.

Inszenierung nach Osborne

Eine ausgezeichnete Methode zur Generierung ungewöhnlicher Veranstaltungsideen bietet die Osborne-Methode (nach Alexander Osborne, auch Erfinder des Brainstormings). Bei dieser Inszenierungsmethode geht es darum, Bekanntes oder Vorhandenes herauszugreifen, zu verändern und wieder in Ihre Veranstaltung einzufügen – hier eine vereinfachte Form seiner Inszenierungsmethode mit einigen Umsetzungsbeispielen:

Inszenierung nach Osborne	
Anders verwenden	Hier bekommen bekannte Dinge oder Orte eine neue Verwendung, beispielsweise könnte die Kirche als Gala-Location dienen.
Übertreiben	Übertreibungen können beispielsweise das Vergrößern oder Verkleinern von bestimmten Dingen oder Personen sein – ein Instrument, das im Theater oder bei Komödien gerne eingesetzt wird und mit dem man viel Aufmerksamkeit erzielen kann.
Umkehren	Denkbar ist eine Umkehrung von Abläufen oder auch Orten, beispielsweise einer Tagung in der Kantine mit Catering im Plenum.

Sehr nützlich sind auch die bekannten Kreativitätstechniken Brainstorming und Mindmapping!

Brainstorming

Der Begriff "Brainstorming" bedeutet ins Deutsche übersetzt so viel wie "Gedankensturm". Diese Kreativtechnik existiert bereits seit den 40er Jahren und ist eine der populärsten Methoden zur kreativen Ideenfindung.

Ziel des Brainstorming ist es, möglichst viele Ideen oder Gedanken zu einem vorgegebenen Thema – beispielsweise einem Veranstaltungsmotto – zu finden. Am effektivsten ist das Brainstorming, wenn es in einem Team von fünf bis acht Personen durchgeführt wird. Das Brainstorming sollte ca. 30 bis 60 Minuten dauern und an einem störungsfreien Ort stattfinden.

Um optimale Ergebnisse zu erzielen und unnötig lange Erklärungen zu vermeiden, sollten Sie Ihre Teilnehmer am Veranstaltungs-Brainstorming aus Personen zusammenstellen, die den Themenbereich Veranstaltungen bereits kennen.

Ablauf eines Brainstormings
■ Geben Sie im Vorfeld bekannt, was der Grund für das Zusammentreffen ist (zum Beispiel Suche nach einem interessanten Motto für eine Veranstaltung).

■ Für die Durchführung wird ein Moderator eingesetzt, der die Sitzung eröffnet, das Thema bekannt gibt und die Regeln nennt.

■ Regel A: Möglichst viele Ideen sollen in möglichst kurzer Zeit zusammengetragen werden – unabhängig davon, ob sie qualitativ wertvoll sind. Vielmehr kommt es darauf an, seine Gedanken spontan zu äußern und seiner Fantasie freien Lauf zu lassen. Das bedeutet, dass jede noch so außergewöhnliche Idee aufgenommen wird.

■ Regel B: Bei der Äußerung der Ideen darf keinerlei Wertung oder Kritik vorgenommen werden – weder in verbaler Form, noch mit Gesten oder Blicken. Dies behindert den Ideenfluss der Teilnehmer.

■ Regel C: Bereits geäußerte Ideen können von anderen Teilnehmern aufgegriffen werden, um diese im Team weiter zu entwickeln und zu verbessern.

■ Wenn alle Teammitglieder die Regeln kennen, beginnt das Brainstroming: Jeder artikuliert spontan seine Ideen und Einfälle zu dem vorgegebenen Thema. Diese werden schriftlich (von einem Co-Moderator) auf einem Flipchart oder auf Metaplankarten an einer Pinnwand festgehalten.

■ Während des Verlaufs des Brainstormings hat der Moderator die Aufgabe, den Ideenfluss durch aktivierende Fragen aufrecht zu halten. Ferner sollte er darauf achten, dass alle Teilnehmer zu Wort kommen und die Brainstorming-Regeln eingehalten werden.

■ Nachdem – trotz Anregung seitens des Moderators – keine neuen Ideen mehr gefunden werden, wird die Phase der Ideengewinnung beendet.

■ Im nächsten Schritt werden die gesammelten Ideen sortiert, ähnliche oder verwandte Nennungen werden in Gruppen zusammengefasst (Tipp: Mindmaps eignen sich hierfür besonders gut.)

■ Daraufhin werden die gefundenen Ideen oder Ideengruppen in festgelegten Kategorien aufgeteilt, wie etwa "geeignet/ umsetzbar", "nicht geeignet/nicht umsetzbar" oder "zur Zeit nicht umsetzbar". Dabei hat jeder Teilnehmer für die Klassifizierung der Ideen das gleiche Mitspracherecht.

■ Um schließlich eine Rangfolge der klassifizierten Gedanken herzustellen, werden diese durch das gesamte Team bewertet. Beispiel: Jeder Teilnehmer erhält fünf Klebepunkte. Die Idee mit der höchsten Umsetzungsattraktivität erhält drei Punkte, die zweithöchste zwei Punkte und die Idee auf Platz drei nur einen Punkt. Nach Punktevergabe durch alle Teilnehmer erhalten Sie als Ergebnis des Brainstormings denjenigen Lösungsansatz, den Ihre Brainstorming-Teilnehmer bevorzugen.

Vorteile und Nachteile des Brainstormings

Vorteile:

▨ Das Brainstorming bietet die Möglichkeit, die Ideenfindung, ihre Bewertung und Auswahl auf mehrere Mitarbeiter zu verteilen. Somit erhöht sich die Akzeptanz der Lösungsvorschläge innerhalb des Unternehmens.

▨ Sie erhalten nicht nur eine Rangliste von bevorzugten Lösungsansätzen oder Veranstaltungsvorschlägen, sondern bekommen zusätzlich weitere wertvolle Ideen für zukünftige Aktivitäten geliefert.

Nachteile:

▨ Brainstorming ist nur im Team durchführbar.

▨ Die Qualität des Ergebnisses hängt von der Disziplin der Teilnehmer ab.

Mindmapping

Frei übersetzt bedeutet Mindmapping so viel wie „Gedächtnis-" oder „Ideenkarte". Entwickelt wurde diese Technik von dem Engländer Tony Buzan.

Seiner Theorie zufolge funktioniert unser Denken nicht in der abstrakten Formulierung von Ideen, sondern in "Stichwörtern" und "assoziierten Bildern". Die Arbeitsweise des Mindmappings entspricht eben dieser Funktionsweise unseres menschlichen Gehirns. Die Kreativmethode des Mindmappings ermöglicht eine zeitlich besonders effiziente Ideenfindung, da sie die Stimulation der beiden Gehirnhälften fördert. Die rechte Gehirnhälfte steuert eher sachorientierte Bereiche wie Planung, Organisation und logisches Denken. Die linke Gehirnhälfte dagegen ist für die „weichen Faktoren" wie Emotionen, Kreativität, visuelles Denken und die ganzheitliche Betrachtungsweise zuständig.

Logisch zu planen und zugleich kreative Ideen zu entwickeln, ohne dabei den Überblick zu verlieren – genau darauf kommt es bei der Durchführung von Veranstaltungen an!

Wie erstelle ich ein Mindmap?

▨ In der Mitte eines Blanko-A3-Blattes notieren Sie das Thema, zu welchem Sie Ideen sammeln möchten, und kreisen es ein.

▨ Im nächsten Schritt suchen Sie nach einzelnen Themengebieten, in das Sie das Hauptthema untergliedern möchten, und gruppieren diese rings um das Hauptthema.

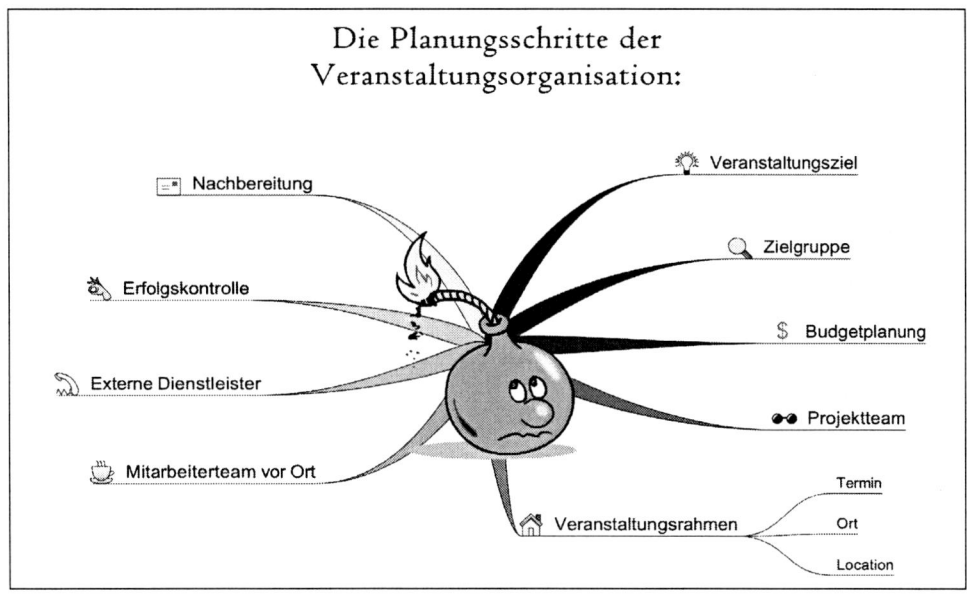

Abbildung 2: Wie erstelle ich ein Mindmap?

Vom Hauptthema werden dabei „Äste" gezogen, diese werden mit den Bezeichnungen der einzelne Themengebiete versehen. Nach Möglichkeit sollten diese Themenbereiche mit einem einzelnen Schlagwort (einem Substantiv) erfasst werden.

Jedem einzelnen Themengebiet können nun weitere Unterbegriffe zugeordnet werden. Diese zeichnen Sie als dünne Linien („Zweige") ein, die von dem jeweiligen Ast des Hauptthemas wegführen.

Details zu den einzelnen Unterbegriffen können eingefügt werden, indem Sie an die Zweige weitere feine Linien („Nebenzweige") einzeichnen und mit Ihren Erläuterungen versehen.

Praxistipp

• Überschaubarer werden Ihre Mindmaps, wenn Sie mit unterschiedlichen Farben und Formen arbeiten. Diese helfen Ihnen, einzelne Themengebiete schnell voneinander zu unterscheiden oder optisch hervorzuheben. Einzelne Themen können auch durch einfache Bilder illustriert werden. Mittels dieser Visualisierung werden weitere Assoziation hervorgerufen, die dazu dienen können, die gesammelten Informationen und Ideen besser im Gedächtnis zu behalten. Aber: Mit Farben und Bildern sparsam umgehen und akzentuiert einsetzen!

• Um den Raum auf Ihrem Blatt Papier optimal einzuteilen (eine häufig auftretende Schwierigkeit, wie Sie beim Erstellen Ihrer ersten Mindmap feststellen werden!), empfiehlt es sich, umfangreichere Themengebiete in den Ecken des Blattes zu platzieren, weniger umfangreiche jeweils in den Zwischenräumen.

Vorteile und Nachteile des Mindmappings

Vorteile:

▨ Erleichtert die Informationsaufnahme und erhöht die Merkleistung

▨ Kreativtechnik, die sich besonders gut für die Einzelarbeit eignet

▨ Dient als visuelles Hilfsmittel für andere Kreativmethoden, zum Beispiel für das Brainstorming

Nachteile:

▨ Für Gruppenarbeit weniger gut geeignet – falls die Technik in diesem Rahmen angewandt wird, sollten alle Teilnehmer die dargestellte Mindmap verstehen und nachvollziehen können. Das bedeutet, dass zum Beispiel Farben und Bilder erklärt werden müssen

▨ Aufwändig. Technik muss gelernt werden

▨ Bei Einsatz von EDV-gestützen Mindmap-Programmen fallen Investitionskosten an

Eine recht neue Methode und momentan voll im Trend ist die 3 x 5 x 5-Methode

Bei dieser Technik arbeiten **3** Personen für jeweils **5** Minuten lang an **5** Ideen oder Themen. Die Methode eignet sich zur schnellen Sammlung sowie zur Überarbeitung von Ideen.

Und so geht's:

▨ Drei Personen versammeln sich an einem Tisch. Jeder erhält ein Blatt Papier, auf welchem die Frage oder das zu lösende Problem bereits vermerkt ist.

▨ Die Teilnehmer sollen nun jeweils fünf Antworten oder Lösungsvorschläge auf ihrem Blatt notieren.

▨ Dafür haben die Teilnehmer nicht mehr als fünf Minuten Zeit.

▨ Nachdem die fünf Minuten vorbei sind, wird das Blatt mit den Antworten beziehungsweise Lösungsvorschlägen dem jeweiligen Nachbarn weitergereicht, welcher wiederum fünf Minuten Zeit hat, um seine fünf Vorschläge aufzuschreiben. Durch die bereits notierten Antworten des jeweiligen Vorgängers wird der nächste Teilnehmer inspiriert und ergänzt diese mit seinen Ideen.

▨ Das Verfahren wird noch einmal wiederholt, so dass nun alle Teilnehmer jedes Blatt einmal bearbeitet haben.

▨ Am Ende dieses Vorgangs haben Sie 3 x 5 = 15 Vorschläge – und das in nur 15 Minuten. Probieren Sie es doch einfach einmal aus!

Natürlich können Sie diese Methode je nach Ausgangslage auch variieren, beispielsweise als 3 x 6 x 5 oder 4 x 3 x 5-Methode.

Vorteile und Nachteile von 3 x 5 x 5

Vorteile:

▨ Viele Ideen und Lösungsvorschläge innerhalb kurzer Zeit

▨ Im Team animieren sich die einzelnen Teilnehmer gegenseitig

Nachteile:

▨ Die Durchführung ist nur innerhalb eines Teams möglich

░ Die Methode erfordert von den Teilnehmern ein hohes Maß an Spontanität

Bei all diesen „Kreativitätstechniken" sollten Sie nie den eigentlichen Zweck aus den Augen verlieren: das Optimum für Ihre Zielgruppe zu erreichen. Brainstorming, Mindmapping und Co. sind kein Selbstzweck.

Nutzen Sie alle Sinne!

Simpel, aber zentral: Ihre Zielgruppe besteht aus Menschen, denen Sie behilflich sein müssen, die angebotenen Informationen, Details, Aspekte etc. zu erfassen und aufzunehmen.

Und bei langen Informationsblöcken ohne Abwechselung und mit den obligatorischen Reden ist gerade das oft nicht gegeben. Machen Sie es anders!

Menschen sind nun einmal wacher und aufnahmefähiger und fühlen sich umso stärker angesprochen, je mehr ihre Sinne beschäftigt werden – dieses Wissen können Sie gezielt für sich und Ihre Veranstaltung nutzen!

Hier einige Beispiele, welche Sinne Sie mit welchen Veranstaltungselementen ansprechen können:

Die Sinne	Beispiele zur Einbindung der Sinne
Sehen	Bühne, Effekte, Projektion, Kostüme, Beleuchtung
Hören	Saal/Raum-Akustik, Stimme, Musik
Schmecken	Begrüßungsdrink, Catering
Spüren	Effekte, Interaktion, Tanzen
Riechen	Catering, Aromen

Eine große Herausforderung für EventmanagerInnen liegt darin, in Konzepten und bei Veranstaltungen immer etwas Neues zu liefern. Das Veranstaltungsbusiness unterliegt dabei weit stärker als andere Branchen Trends und Moden – und zwar von Trends bei Künstlern und Showacts über Moden beim Catering bis hin zu den neusten technischen Errungenschaften für den Veranstaltungsbereich.

Hier immer auf dem Laufenden zu bleiben, ist für den Eventmanager existenziell. Denn Menschen – seien es die Besucher der Veranstaltung oder Ihre Kunden – langweilen sich schnell. Attraktionen, die beim ersten Sehen noch den Atem raubten, wirken nach dem dritten Mal schon ermüdend.

Praxistipp Düfte

Eine wirklich spannende Neuerung ist der Einsatz von Düften bei Veranstaltungen. Jedoch Vorsicht: Das ist unbedingte Expertensache, denn Düfte können schnell als aufdringlich und unangenehm empfunden werden! Und so schnell ein Raum beduftet ist, so schwierig kann es sein, diesen Duft wieder los zu werden. Einen Duft sollte man daher nur erahnen. Lieber so schwach dosieren, dass ihn unempfindlichere Menschen gar nicht wahrnehmen, als so stark, dass empfindlichere Gäste Kopfschmerzen bekommen.

Dennoch sind Düfte ein sehr effektvolles Mittel, um Reaktionen zu erzielen. Sie kennen sicher einige Reaktionen – obwohl Sie sie vorher nicht geplant hatten:

Wie schnell bekommt man Appetit, wenn man an einer Bäckerei vorbeigeht, aus der es so gut nach süßen Stückchen duftet? Oder wen hat nicht schon einmal der wunderbare Duft von frisch geröstetem Kaffee verführt, gleich ein Pfund mitzunehmen?

Im umgekehrten Falle kennen Sie sicher auch das Gefühl, jemanden „nicht riechen" zu können...

Von der Aktivierungskraft von Düften lebt eine ganze Industrie. Düfte können also auch für uns eine Überlegung wert sein.

Hier nur einige Beispiele von geglückten Einsätzen:

• Vorstellung eines neuen, edlen Pkw-Modells. Als das Fahrzeug auf der Bühne enthüllt wird, zieht ein kaum merklicher Lederduft durch den Saal.

• Bei einem langen Vortragsteil wird zwischen den einzelnen Redeblöcken ein schwacher Eukalyptus- oder Orangen-Duft verteilt. Dieser erfrischt den Geist und erhöht die Aufnahmefähigkeit der Zuhörer.

Inspirierend, nicht wahr?

Nachfolgend erhalten Sie daher einige Tipps, wie Sie sich stets über die aktuellen Trends auf dem Laufenden halten können:

Wichtige Informationsquellen für EventmanagerInnen

Eine wichtige Eigenschaft des Eventmanagers ist ohne Zweifel eine gesunde Portion Neugierde. Halten Sie daher immer die Augen offen!

Zum Beispiel...

... auf Messen:

Messe	Termine 2005	Ort	Internet
IMEX	19.-21.04.2005	Frankfurt/Main	www.imex-frankfurt.de
STB Seminar und Tagungsbörse	02.02.2005 25.02.2005 *Weitere Termine noch offen – voraussichtlich September und November 2005*	Berlin Mainz Düsseldorf München	www.seminar-und-tagungsboerse.de
World of Events	12.-13.01.2005	Wiesbaden	

Abbildung 3: Wichtige Messen für EventmanagerInnen
Termine von internationalen Eventmessen erhalten Sie beim Verband der deutschen Messewirtschaft AUMA (www.auma.de).

... in Fachzeitschriften:

Titel	Erscheinungsweise / Preis	Internet
CIM, Conference & Incentive Management, *The European magazine for the incentive and meeting industry*	6 x jährlich Einzelpreis: 7 Euro Jahresabo (Inland 31 Euro)	www.cim-publications.de
Event-Partner	6 x jährlich Einzelpreis: 10,20 Euro Jahresabo (Inland 52,15 Euro)	www.event-partner.de
Events *The magazine for meetings, fairs, inventives*	4 x jährlich Einzelpreis: 10,90 Euro Jahresabo (Inland 38 Euro)	www.events-magazine.com
m + a Report	8 x jährlich Einzelpreis: 9 Euro Jahresabo (Inland 64,20 Euro)	www.m-averlag.com
TW Tagungs-Wirtschaft	7 x jährlich Einzelpreis: 10 Euro Jahresabo (Inland 61 Euro)	www.m-averlag.com

Abbildung 4: Nützliche Zeischriften für EventmanagerInnen

... auf Veranstaltungen:

Besuchen Sie Veranstaltungen und schauen Sie sich genau um: Was machen andere Veranstalter? Was kommt an? Was macht Ihr Wettbewerb?

Fordern Sie von interessanten Dienstleistern Referenzen an – und scheuen Sie sich nicht, einfach bei den genannten Unternehmen anzurufen und zu fragen, welche Erfahrungen sie als Kunden gemacht haben!

> **Praxistipp:**
> **Informationsquelle Kontakte**
>
> Werden Sie zum Dienstleister-Jäger und Kontakte-Sammler – dann wird Ihre persönliche Kartei innerhalb kurzer Zeit Ihr größter Schatz.
>
> Legen Sie außerdem in Ihrem Schreibtisch Hänger mit Titeln wie „Veranstaltungsdienstleister", „Caterer", „Locations" etc. an, die Sie mit all den Zeitungsschnipseln und Clippings füttern, die Ihnen zum Thema Veranstaltungen begegnen. Das kostet Sie im Tagesgeschäft kaum Zeit, bietet Ihnen im Veranstaltungsfalle aber eine nützliche und schnelle Recherchequelle!

Wer, wie, was – oder: Wer nicht fragt ...

Die 10 W's der Veranstaltungsplanung

Ganz gleich, ob externe oder interne Veranstaltung, großer oder kleiner Event: Die Schlüsselfragen der Veranstaltungsorganisation bleiben die gleichen!

Suchen Sie vor jeder Planung – am besten im Team oder mit Kollegen – klare Antworten auf die folgenden zehn W-Fragen:

WARUM soll es die Veranstaltung geben?

WER kann, wer soll und wer muss teilnehmen?

WIE VIEL darf es kosten?

WAS wird den Teilnehmern geboten?

WANN kann oder soll die Veranstaltung stattfinden?

WIE LANGE soll die Veranstaltung dauern?

WO kann oder soll die Veranstaltung stattfinden?

VON WEM wird was erledigt?

WELCHE rechtlichen Vorgaben sind zu beachten?

WIE wird der Veranstaltungserfolg gemessen?

Mit der Beantwortung dieser Fragen legen Sie den Grundstein für Planung und Durchführung – zum Zeitpunkt des Planungsbeginns haben Sie dann alle zentralen Daten bereits festgelegt. Außerdem ergeben sich hieraus automatisch alle weiteren offenen Punkte, die es noch zu klären gilt.

3. Die Veranstaltungsplanung

Die Grundlage für den Erfolg

Die Bausteine einer Veranstaltung

Bei der Veranstaltungsplanung verbinden sich zahlreiche einzelne Schritte zu einem Ganzen.

Die zentralen Informationen, die aus der Beantwortung der zehn W-Fragen hervorgegangen sind, bilden dabei die Grundlage und ziehen sich wie ein roter Faden durch die gesamte Planung und Umsetzung.

In den hektischen Phasen der Umsetzung ist es besonders schwierig, nichts zu vergessen und stets den Überblick zu behalten – hier werden Ihnen Checklisten schnell unentbehrlich werden! Gut geführte und aktualisierte Checklisten ermöglichen zudem auch ein möglichst reibungsloses Weiterarbeiten bei Personalwechsel oder eventuellen Erkrankungen – im Ernstfall ein unschätzbarer Vorteil! Und drittens halten Ihnen Ihre Checklisten auch den Rücken frei, weil Sie damit Aufgaben hervorragend delegieren können – ohne sich Gedanken machen zu müssen, ob etwas vergessen wird.

Mit den nun folgenden „Schritten zum Veranstaltungserfolg" erhalten Sie daher zugleich eine Zusammenstellung meiner erprobten Praxis-Checklisten.

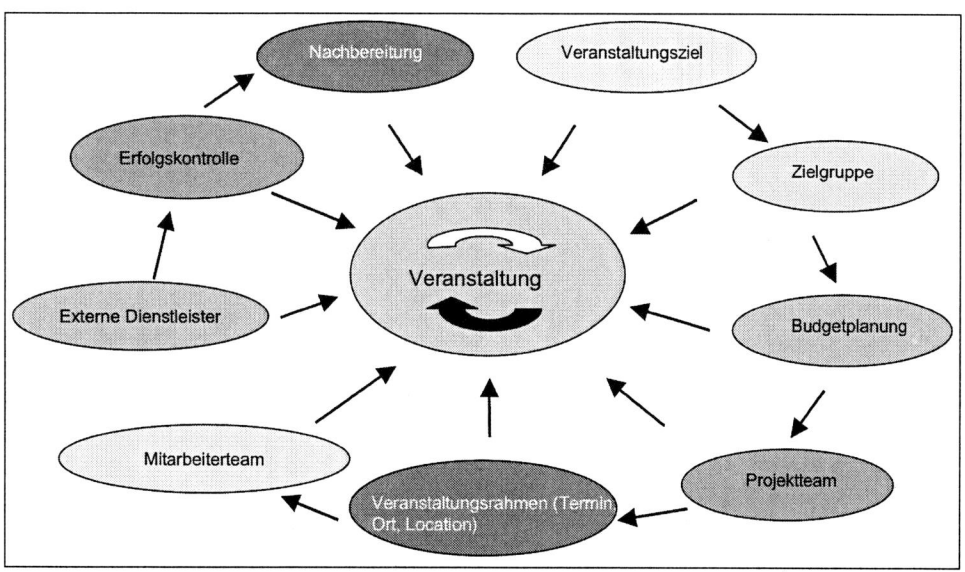

Abbildung 5: Die Bausteine einer Veranstaltung

Veranstaltungsziel

Ohne klares Ziel können Sie nicht feststellen, ob und wann Sie von Ihrem Weg abkommen – oder ob Sie bereits angekommen sind!

Ihr Veranstaltungsziel ist zusätzlich auch der Maßstab für Ihre Erfolgskontrolle (siehe auch Kapitel 5, Seite 65). Das Veranstaltungsziel nimmt daher eine Schlüsselposition in der Veranstaltungsplanung ein.

Wie aber gelangen Sie zu Ihrem Veranstaltungsziel?
Ein erster Schritt könnte sein, aus den Erfahrungen früherer Veranstaltungen zu lernen.

Wenn bei Ihnen die Möglichkeit dazu besteht, sollten Sie sich einige Fragen zu früheren Veranstaltungen der gleichen Art stellen:

▨ Wie lange gibt es diese Veranstaltung bereits?
▨ Wie war der Ablauf (Ort, Dauer, Catering etc.)?
▨ Wie kam die Veranstaltung an (Positives und Negatives genau auflisten)?
▨ Gab es einen Slogan, ein Motto?
▨ Wenn ja, wer sollte erreicht werden – und wer wurde tatsächlich erreicht?

Eine Recherche dieser Hintergrundinformationen kann Ihnen bei der Planung manchen Fehlgriff ersparen. Wenn Sie beispielsweise erfahren haben, dass Ihrem Vorstand die Band zu laut war und die Veranstaltung zu teuer, den Teilnehmern wiederum die Reden zu lang und allen das Catering zu langweilig

war, gibt Ihnen das doch bereits einige nützliche Hinweise.

Sollten es in Ihrem Falle keine vergleichbaren früheren Veranstaltungen geben – auch gut! Dann wird Ihre Veranstaltung auch nicht mit diesen verglichen oder gemessen.

Wenden wir uns nun aber der Definition der Veranstaltungsziele zu.

Es gibt gewisse „Spielregeln" für die Definition von Veranstaltungszielen. Diese sollten:
▨ positiv formuliert sein (keine Verneinung wie „keine Pannen im Veranstaltungsablauf")
▨ nicht vergleichend sein („bessere Stimmung als beim letzten Mal")
▨ durch Sie tatsächlich beeinflussbar sein („Sonnenschein" ist nicht planbar)
▨ im festgelegten Zeitraum erreichbar sein (etwa zum Veranstaltungsende)
▨ ein messbares Ergebnis beschreiben (10.000 verkaufte Eintrittskarten)
▨ nachprüfbar sein (also messbar)
▨ konkret sein (Antworten auf die zehn W-Fragen)

Legen Sie pro Veranstaltung möglichst nur **ein** Hauptziel fest, sonst besteht die Gefahr des „Verzettelns".

Hier einige Beispiele klassischer Veranstaltungs-Hauptziele:
▨ Produktpräsentation
▨ Bekanntgabe von Unternehmenszielen und –zahlen

Vermittlung einer neuen Unternehmens-
strategie

**Veranstaltungs-Nebenziele hingegen gibt
es meistens viele – zum Beispiel:**
Mitarbeitermotivation
Imagepflege
Verbesserung von Kundenkontakten

Vom Veranstaltungsziel werden häufig auch
Veranstaltungstitel und Veranstaltungsmotto
abgeleitet.

**Diese Fragen helfen Ihnen bei der Ziel-
definition:**
Warum führt Ihr Unternehmen diese
Veranstaltung durch?
Was will, was muss Ihr Unternehmen mit
der Veranstaltung erreichen?
Bis wann soll das Ziel erreicht werden?
Gibt es Hindernisse? Wenn ja, welche?
Warum wurde das Ziel bisher noch nicht
erreicht?
Steht das Veranstaltungsziel im Wider-
spruch zu anderen Unternehmenszielen?
Ist das Ziel genau definiert, vollständig,
unmissverständlich?
Ist das Ziel realistisch und in einem fest-
gelegten Zeitraum erreichbar?
Können Sie die Zielerreichung beeinflus-
sen?
Benötigen Sie zur Zielerreichung interne
oder externe Hilfe? (Informationen, Manpower, Vollmachten)
Kann/soll durch Belohnung motiviert
werden?

Nach Beantwortung dieser Fragen für Ihre
Veranstaltung und Ihr Unternehmen können
Sie die Ergebnisse in der Checkliste auf **Seite 25** festhalten. Diese wichtigen Informationen pinnen Sie sich am besten irgendwo
in Ihr Blickfeld – sie sollten während der
gesamten Planungsphase auch Ihrem Projektteam (siehe Kapitel 3) präsent sein.

Da eine klare Definition des Veranstaltungs-
ziels erfahrungsgemäß ein schwieriger erster
Schritt ist, können Sie mit einem übergeord-
neten Allgemeinziel beginnen und sich dann
zu Ihrem tatsächlichen Haupt-Veranstal-
tungsziel vorarbeiten.

*Zwei Beispiele erläutern dies und die darauf
folgenden Schritte:*

Beispiel 1: Internes Seminar

1. Allgemeinziel
*Wissensvermittlung, Austausch mit Gleich-
gesinnten und Referenten*

2. Veranstaltungs-Hauptziel
*Die Bedienung des neuen EDV-Programms
soll vermittelt werden.*

3. Veranstaltungs-Nebenziel
*Der Teilnehmerkreis soll künftig als eine Art
Fortbildungs-Netzwerk zur Beantwortung
von Fragen zur Verfügung stehen. Damit soll
außerdem der Zusammenhalt und das Grup-
pengefühl im Unternehmen gestärkt werden.*

4. Die Umsetzung

Ausführliche Wissensvermittlung mit praktischen Übungen zur Festigung des Gelernten. E-Mail-Verteiler der Teilnehmer, die sich an einem Wissensnetzwerk zur Unterstützung innerhalb der Gruppe beteiligen möchten. Zusätzliche Anreize wie etwa die Gründung eines Expertenstammtischs.

5. Zeitpunkt der Zielerreichung und Maßnahme

Ende der Seminars: Kontrolle des Wissensstands durch Prüfung oder Aufgabe

6. Indikatoren zur Erfolgsmessung:

Das neue EDV-Programm kann bedient werden; bei Fragen stehen die anderen Kursteilnehmer zur Verfügung, die per Rundmail kontaktiert werden können. Die Teilnehmer treffen sich einmal monatlich zu einem Expertenstammtisch.

Beispiel 2: Presseveranstaltung zur Produkteinführung

1. Das Allgemeinziel

Berichterstattung in den Medien über das neue Produkt

2. Veranstaltungs-Hauptziel

In den fünf größten Fachzeitschriften und drei Tageszeitungen soll im Zeitraum von einem Monat nach der Veranstaltung über das neue Produkt berichtet werden. Dadurch sollen 150.000 Kontakte erreicht werden.

3. Die Umsetzung

Interesse und Erwartungen der Medien im Vorfeld klären. Anreize zur Berichterstattung schaffen durch exklusive Presseveranstaltung mit medienträchtigen Prominenten und/oder Podiumsdiskussion mit spannenden Vertretern aus Politik und Wirtschaft zu einem Thema, das das Produkt oder die Branche betrifft. Den Pressevertretern die Berichterstattung erleichtern – durch professionelle Pressemitteilung mit Pressefotos und weiteres gutes Informationsmaterial.

4. Zeitpunkt der Zielerreichung

Ein Monat nach der Veranstaltung

5. Die Maßnahmen zur Erfolgsmessung

Angesprochene Zeitungen prüfen oder einen professionellen Pressedienst mit der Prüfung beauftragen.

Sie sehen also, wie eng das Veranstaltungsziel mit der Erfolgsmessung zusammenhängt; das Kapitel 5 „Erfolgskontrolle" (Seite 55) befasst sich daher intensiv mit diesem Thema.

Checkliste 1: Veranstaltungsziel

Arbeiten Sie bitte die folgenden Fragen schriftlich durch, um Ihr Veranstaltungsziel zu definieren:

- Was ist die Motivation Ihres Unternehmens für diese Veranstaltung?
- Was sind die Ziele, die Ihr Unternehmen mit der Veranstaltung erreichen möchte?
- Was sind die Ziele Ihrer Besucher?

Die Antworten zu diesen Fragen liefern Ihnen entscheidende Informationen für Ihre weitere Veranstaltungsplanung.

Eckdaten festlegen	Definition durch	Freigabe durch	Definieren bis	Erledigt
Veranstaltungsziel Hauptziel: Nebenziele:				
Veranstaltungsmotto				
Veranstaltungstitel				
Veranstaltungsart				

Abbildung 6: Checkliste Veranstaltungsplanung

Zielgruppe

a) Welche Zielgruppe wollen Sie erreichen?

Der Köder muss dem Fisch schmecken. Nicht dem Angler! Es klingt eigentlich ganz einfach: In erster Linie müssen sich Ihre Besucher wohl fühlen und das bekommen, wofür sie hergekommen sind – im Idealfall sogar noch mehr!

Doch Gäste und Teilnehmer sind mittlerweile viel gewöhnt und dadurch verwöhnt. Ein gutes Catering, eine nette Location und ein guter Vortrag – das setzt heute jeder als selbstverständlich voraus, damit kann man keine Lorbeeren mehr ernten. Wichtig ist also, zunächst einmal herauszufinden, wer überhaupt Ihre Zielgruppe ist.

Möglichkeiten zur Eingrenzung Ihrer Zielgruppe

Auf den ersten Blick besteht Ihre Zielgruppe ganz einfach aus den Teilnehmern Ihrer Veranstaltung. Auf den zweiten Blick hat Ihre Zielgruppe aber eine weitere wichtige Funktion, denn die Zufriedenheit Ihrer Zielgruppe stellt die Messlatte für Ihren Veranstaltungserfolg dar. Die Bedürfnis- und Erwartungsbefriedigung dieser Personengruppe ist also der Dreh- und Angelpunkt für Ihren Veranstaltungserfolg.

Widmen Sie daher den folgenden Fragen Ihre ganze Aufmerksamkeit:

▨ Wer ist Ihre primäre Zielgruppe, also soll/ muss/kann Ihre Veranstaltung besuchen?

▨ Wer die sekundäre Zielgruppe, das heißt, wer soll von Ihrer Veranstaltung erfahren, beispielsweise über Multiplikatoren wie Presse, Radio, TV?

Ihre Zielgruppe könnte sich zusammensetzen aus (einzeln oder in Kombination – je nach Veranstaltungsart und -ziel):

Personengruppen

Unternehmenszugehörigen
▨ Mitarbeiter (eventuell auch Angehörige)
▨ Pensionäre
▨ Geschäftsleitung oder Vorstand
▨ Aufsichtsrat

Unternehmenspartnern
▨ Händler
▨ Lieferanten
▨ Absatzmittler
▨ Strategische Partner
▨ Kooperationspartner

Kundengruppen
▨ Neukunden
▨ Stammkunden
▨ Privatkunden
▨ Firmenkunden

VIPs
▨ Prominente
▨ Personen des öffentlichen Interesses
▨ Lokale Größen
▨ Politiker
▨ Funktionäre
▨ Multiplikatoren
▨ Meinungsbildner

Medienvertreter

- Presse
- Hörfunk
- Fernsehen
- Lokalsendern
- Fachzeitschriften

Haben Sie festgelegt, aus welchen dieser Personengruppen Ihre primäre und sekundäre Zielgruppe besteht? Dann können Sie beginnen, aus dem abstrakten Begriff „Zielgruppe" konkrete Teilnehmer mit Bedürfnissen, Erwartungen und Wünschen zu machen. Und dies erreichen Sie, wenn Sie Ihre Teilnehmer ganz gezielt auf Ihre Eigenschaften hin untersuchen.

„Röntgen" Sie Ihre Teilnehmer hinsichtlich ihrer Charakteristika wie:

- Alter
- Geschlecht
- Beruf (Funktion/Vorkenntnisse)
- Gesellschaftliche Schicht
- Herkunftsort und -region
- Nationalität
- Religion/Kulturzugehörigkeit

Aus diesen Charakteristika können Sie eine Vielzahl wertvoller Hinweise ziehen – von der Auswahl der Musik, die gefällt, bis hin zu einem Catering, das ankommt. Oder Sie können verhindern, dass Ihr Publikum das „Fachchinesisch" der Referenten nicht versteht, weil es eben nicht vom Fach ist.

Hier eine exemplarische Aufstellung, welche Informationen sich alleine vom Merkmal „Alter" ableiten lassen.

Das Alter Ihrer Teilnehmer gibt Ihnen Informationen über:

- den Unterhaltungs- oder Musikgeschmack – ein 20-jähriger steht zum Beispiel auf Boygroups, ein 60-jähriger kennt vielleicht nicht einmal den Begriff.

- die Tageszeit, zu der die Veranstaltung stattfinden kann – junge Leute gehen häufig erst zu Zeiten aus, zu denen andere – vor allem ältere Menschen – schon längst wieder zuhause sein möchten.

- die Vorlieben bei Getränken – bei Kindern natürlich Nichtalkoholisches, bei Jugendlichen sind momentan Alcopops (alkoholhaltige Limonaden) angesagt, Erwachsene schätzen eher einen guten Wein, Bier oder auch Cocktails und natürlich Kaffee.

- das Rahmenprogramm – die Erwartungen hinsichtlich kulturellem Anspruch oder der Auswahl an sportlichen Aktivitäten hängen ganz stark mit dem Alter der Zielgruppe zusammen.

- das Catering – dieses Thema ist besonders wichtig für das Wohlfühlgefühl Ihrer Gäste: Kinder lieben Süßes, Pizza und Speisen, die einfach und aus der Hand verzehrt werden können, Erwachsene schätzen Speisen, die vollwertig, aber leicht, delikat und raffiniert sind, Senioren haben wieder andere Anforderungen an die Küche – von der Zusammensetzung der Speisen über den Fettgehalt bis hin zu den Gewürzen!

Praxistipp: Teilnehmer

Versuchen Sie, sich möglichst genau in Ihre Teilnehmer hineinzuversetzen. Sollte Ihnen das schwer fallen, sprechen Sie Freunde, Bekannte oder Kollegen an, die dieser Teilnehmergruppe entsprechen, und befragen Sie sie ganz gezielt hinsichtlich ihrer Erwartungen.

Achten Sie besonders auf diese Aspekte:

Erwarten Sie Gäste mit (Geh-)Behinderungen?

Hier ist besonders darauf zu achten, dass die Wege, die baulichen und die sanitären Einrichtungen etc. entsprechend geeignet sind oder hergerichtet werden.

Werden Kinder oder Kleinkinder erwartet?

Planen Sie ein entsprechendes Rahmenprogramm und eine Beaufsichtigung für die Kleinen ein, damit die Eltern die Veranstaltung genießen können. Junge Mütter sind besonders dankbar für Wickelequipment und eine ruhige Rückzugsmöglichkeit zum Stillen.

Gibt es besondere einheitliche Interessen?

Zum Beispiel für Autos, Formel 1, Fußball? Dann können Sie dies auch bei der Konzeption des Rahmenprogramms, der Auswahl der einzuladenden VIPs oder Referenten und der anderen Programmpunkte berücksichtigen oder sogar im Thema oder Motto aufgreifen.

Checkliste:
Zusammensetzung und Charakteristika von Zielgruppen

Beantworten Sie die folgenden Fragen zu Umfang, Zusammensetzung und Charakteristika Ihrer Zielgruppe möglichst vollständig – denn je mehr Informationen Sie über Ihre Zielgruppe gewinnen, desto besser können Sie bei Ihrer Veranstaltungsplanung auf deren Erwartungen eingehen.

Umfang und Zusammensetzung Ihrer Zielgruppe	Anzahl	Details	zu klären
Teilnehmerzahl (Maximum):			
Teilnehmerzahl (Minimum):			
Teilnehmerzahl (unternehmensintern):			
Teilnehmerzahl (extern):			
Begleitpersonen (Kinder?)			
Unternehmenspartner			
Kunden			
VIPs/Meinungsbildner			
Medien/Presse			

Charakteristika Ihrer Zielgruppe	Fakten	Details	zu klären
Alter			
Geschlecht			
Beruf (Funktion/Vorkenntnisse)			
Gesellschaftliche Schicht			
Herkunftsort/Region			
Nationalität			
Religion/Kulturzugehörigkeit			
Besondere Bedürfnisse (Behinderte, Kinder, Senioren)			
Einheitliche Interessen (Sport etc.)			

Abbildung 7: Checkliste Zusammensetzung und Charakteristika von Zielgruppen

Checkliste: Besondere Teilnehmergruppen

Die Einladung von besonderen Teilnehmergruppen wie Medien, VIPs etc. bringt besondere Anforderungen an Vorbereitung und Gästebetreuung mit sich. Da der Umgang mit diesen Gästen ein hohes Maß an Professionalität voraussetzt, sollten Sie sich bereits im Vorfeld Gedanken machen, wer die folgenden Aufgaben übernimmt und welche Maßnahmen ergriffen werden sollen.

1. Medien	Maß-nahmen	Details	zu klären
Zuständiger Ansprechpartner innerhalb Ihres Unternehmens			
Betreuung während der Veranstaltung			
Pressekonferenz, Pressegespräch			
Besonderes Programm			
Pressemappen, Pressefotos			
Gastgeschenke			
Kosten Presseveranstaltung			

2. VIPs	Maß-nahmen	Details	zu klären
Nutzen für Ihr Unternehmen			
Zuständiger Ansprechpartner innerhalb Ihres Unternehmens			
Betreuung während der Veranstaltung (Sprache)			
Besondere Wünsche bezüglich Unterbringung, Catering, Service			
Fahrer			
Personenschutz und Sicherheit			
Begleitpersonen			
Kosten (Gage plus Anreise, Unterbringung, Extras, Personal)			

Abbildung 8: Checkliste besondere Teilnehmergruppen (Teil 1)

3. Prominente, Meinungsbildner	Maß-nahmen	Details	zu klären
Nutzen für Ihr Unternehmen			
Wunschkandidat			
Alternative oder Ersatz			
Zuständiger Ansprechpartner innerhalb Ihres Unternehmens			
Betreuung während der Veranstaltung (Sprache)			
Fahrer			
Personenschutz und Sicherheit			
Besondere Wünsche bezüglich Unterbringung, Catering, Service			
Kosten (Gage plus Anreise, Unterbringung, Extras, Personal)			

4. Referenten	Maß-nahmen	Details	zu klären
Zuständiger Ansprechpartner innerhalb Ihres Unternehmens			
Betreuung während der Veranstaltung (Sprache)			
Gewünschte Präsentationsart			
Erforderliche Präsentationstechnik			
Unterlagen, Handout (Übersetzung)			
Dolmetscher			
Sonderwünsche, Extras			
Kosten (Honorar, Anreise, Übernachtung, Extras)			

Abbildung 9: Checkliste besondere Teilnehmergruppen (Teil 2)

5. Moderation	Maß-nahmen	Details	zu klären
Zuständiger Ansprechpartner innerhalb Ihres Unternehmens			
Betreuung während der Veranstaltung			
Gewünschte Technik			
Regie			
Proben			
Sonderwünsche, Extras			
Kosten (Honorar, Anreise, Übernachtung, Extras)			

Abbildung 10: Checkliste besondere Teilnehmergruppen (Teil 3)

Zielgruppe

Wie können Sie die Erwartungen Ihrer Zielgruppe erfüllen und übertreffen?

Wer will was?

Die Erwartungen Ihrer Zielgruppe hängen von unterschiedlichen Faktoren ab: der Veranstaltungsart, dem Zeitpunkt, dem Rahmen, der Dauer etc.

Hier einige ganz typische Erwartungsbeispiele:

Von einem Kongress erwarten die Teilnehmer
- Alle angekündigten Informationen
- Gute/bekannte Referenten
- Austausch mit anderen Teilnehmern
- Attraktives Rahmenprogramm
- Gehobener Veranstaltungsort

Von einer Jahresveranstaltung erwarten die Teilnehmer
- Anspruchsvolles Ambiente
- Festliches Catering
- Spannende Show
- Austausch mit Kollegen
- Häufig auch: Teilnahme von Prominenten

Von einer Weihnachtsfeier erwarten die Teilnehmer
- Stärkung des Zusammengehörigkeitsgefühls
- Gemütliches Beisammensein in festlicher Atmosphäre
- „Ein privates Wort" vom Chef

Dank für Geleistetes im vergangenen Jahr

Sie wissen ja bereits, dass die Erwartungen Ihrer Zielgruppe die Messlatte für die Bewertung Ihrer Veranstaltung sind. Wenn Sie nun einem Besucher einen Punkt, der ihm persönlich wichtig ist, vorenthalten, wird er die Veranstaltung wohl kaum als Erfolg auffassen!

Holen Sie Ihre Teilnehmer dort ab, wo sie stehen!
Dafür gilt es herauszufinden, welche Vorkenntnisse und Erfahrungen Ihre Teilnehmer zu Ihrer Veranstaltung mitbringen.

Hierzu ein paar hilfreiche Fragen:

Welche Erwartungen bestehen bereits durch frühere Veranstaltungen oder Veranstaltungen des Wettbewerbs? Wollen Sie diesen entsprechen, darauf aufbauen oder mit diesen brechen?

Welche Vorkenntnisse zu Ihrem Unternehmen und Ihren Produkten sind bereits vorhanden? Informieren Sie nur über Neuigkeiten – Bekanntes langweilt rasch.

Welche Informationen müssen Ihre Besucher von Ihnen erhalten? Bitte nicht mehr als erforderlich – gerade ein Zuviel des Guten an Informationen ermüdet.

Auf dieses Wissen aufbauend können Sie definieren (am besten im Projektteam, siehe Kapitel 3, Seite 41), was Sie Ihren Teilneh-(am besten im Projektteam, siehe Kapitel 3, Seite 41)mern zusätzlich bieten können und möchten – beispielsweise im Bereich der Informationsvermittlung, durch ein Gastgeschenk oder als kleine durchdachte Aufmerksamkeit.

Denn: Der Zusatznutzen ist das Sahnehäubchen Ihrer Veranstaltung! Jeder Teilnehmer fühlt sich dadurch geschätzt, wichtig und ernst genommen – alleine schon deswegen verdient der Zusatznutzen einige Extra-Überlegungen.

Hier einige nützliche Fragen, die Ihnen helfen können, einen Zusatznutzen zu definieren und dadurch den „Wert" Ihrer Veranstaltung zu erhöhen:

Welche Informationen, Produkte, Personen interessieren die Besucher besonders? Gibt es neue Entwicklungen und Erfindungen oder wichtige Termine wie Markteinführungen?

Worüber würden Sie sich als Gast besonders freuen? Sie planen eine große Ausstellung? Ihre Teilnehmer werden viel laufen, viel sehen, viel aufnehmen? Wie wäre es für einen solchen Marathon mit einem „Erste-Hilfe-Paket", gut gefüllt mit Wasser, Traubenzucker, Pfefferminzpastillen, Kugelschreiber, Erfrischungstüchern etc.?

Was darf eine „Aufmerksamkeit" kosten? Vor allem bei Gastgeschenken wichtig: Eine durchdachte Aufmerksamkeit reicht völlig! Das Geschenk soll weder als Bestechung verstanden werden noch Ihr Veranstaltungsbudget sprengen!

Praxistipp: Erwartungen der Zielgruppe

Durchforsten Sie Ihr Programm nach folgenden Punkten:

Welche Programmpunkte bergen die Gefahr von Langeweile?
Immer schwierig bei Veranstaltungen mit Politikern und Prominenten: Wenn sie Reden halten, ist die Länge der Rede häufig Zeichen für ihre Wichtigkeit – vergleichbar mit dem Imponiergehabe bei Rad schlagenden Pfauen. Dies ist ein Hierarchie- oder Abstimmungsproblem und durch den Eventmanager selten zu ändern. Worauf der Eventmanager aber Einfluss nehmen sollte: Wenn mehrere Reden direkt aneinander anschließen oder Zuhörer bei langen Vorträgen passiv bleiben müssen, sind Unterbrechungen und auflockernde Einlagen nötig.

Müssen viele Fakten und nüchterne Informationen vermittelt werden?
Überlegen Sie, wie Sie diese möglichst interessant, lebendig und abwechselungsreich gestalten können (siehe auch „Sinne ansprechen" auf Seite 17) – beispielsweise durch Podiumsdiskussionen, Frage-Antwort-Runden, einen prominenten Moderator oder die Einbindung von Multimedia-Technik.

Wurde ausreichend Zeit für Kommunikation eingeplant?
Die Möglichkeit zum Austausch mit Referenten und anderen Teilnehmern ist den meisten Menschen sehr wichtig. Planen Sie für Ihre Gäste daher ausreichend Zeit und Raum für die Kommunikation untereinander ein. Ein gutes Verhältnis sind 60:40 Information zu Kommunikation.

Budgetplanung

Wie können Sie das Budget sicher planen und die Kosten wirksam kontrollieren?

Der Eventmanager ist der Buchhalter der Träume
Bei aller Liebe zu Veranstaltungszielen, zur Zielgruppe und zur Kreativität: Das Budget setzt den Rahmen, innerhalb dessen sich die Planung und die Durchführung bewegen muss! Auch die spannendste Veranstaltung verliert ihren Wert (für den Auftraggeber oder Ihren Chef), wenn die Kalkulation überzogen wurde. Daher ist das Veranstaltungsbudget ein weiterer Grundbaustein für Ihre Veranstaltungsplanung. Die Gesamtkosten einer Veranstaltung setzen sich aus vielen verschiedenen Einzelkosten zusammen, die bei jeder Veranstaltung unterschiedlich sind.

Gehen Sie bei der Kostenplanung Ihrer Veranstaltung folgende Aufstellung kurz durch und legen Sie fest, welche Kostenarten bei Ihrer Veranstaltung zutreffend sind. Diese Liste ist für eine schnelle Erfassung der größten Kostenarten gedacht – eine detaillierte Aufstellung möglicher Veranstaltungskosten erhalten Sie mit der Planungshilfe zur Bestimmung Ihrer Kosten- und Einnahmearten auf Seite 32. Damit aber auch die vielen kleinen und Kleinst-Positionen sowie Unvorhergesehenes abgedeckt sind, ist bei der Bugetplanung ein gewisser „Pufferbetrag" ratsam – ich empfehle einen unverplanten Betrag in Höhe von etwa 10% des Gesamtbudgets.

Kostenarten bei Veranstaltungen

Kostenart	Betrag (pro Person bzw. Stück)	Gesamtbetrag
Einladungs- und Werbungskosten		
Veranstaltungsmaterial		
Tagungsraum/Location		
Mietmöbel und Equipment		
Veranstaltungstechnik, technischer Support		
Dekoration und Ausstattung		
Catering/Teilnehmerbewirtung		
Unterhaltung, Künstler		
Besondere Teilnehmergruppen wie VIPs		
Versicherungen, Gebühren, Sicherheit		
Logistik		
Externes Personal		
„Puffer"		
Gesamtkosten		

Abbildung 11: Kostenarten bei Veranstaltungen

Kennzahlen

Kennzahlen für zu erwartende Durchschnittskosten sind im Veranstaltungsbereich besonders schwierig zu ermitteln. Verständlich: Zu stark differieren die Preise von Hotels, Catering, Technik und Künstlern. Diese sind zusätzlich noch saisonellen Schwankungen sowie Preisänderungen durch Messen und regionale Veranstaltungen unterworfen.

Kennzahlen divergieren außerdem je nach den Qualitätsansprüchen der Kunden.

Um Ihnen zu verdeutlichen, wie groß – unabhängig von all diesen Faktoren – die Spannen der Kennzahlen sein können, hier nur einige Beispiele von Veranstaltungen, die wir in diesem Jahr durchgeführt haben (Gesamtkosten und Kosten pro Person):

Veranstaltungsart, Dauer, Teilnehmerzahl	Kosten pro Person	Gesamtkosten
Seminar, 1-tägig, 30 Teilnehmer	150,00 €	4.500,00 €
Richtfest, ½-tägig, 250 Besucher	100,00 €	25.000,00 €
Hauptversammlung, 1-tägig, 400 Gäste	112,50 €	45.000,00 €
Führungskräftetagung, 2-tägig, 150 Teilnehmer	566,67 €	85.000,00 €
Kick-Off-Veranstaltung, 2-tätig, 250 Teilnehmer	600,00 €	150.000,00 €

Abbildung 12: Typische Eventkosten (Stand 2005)

Natürlich kann man auch eine teurere Location buchen, edleres Catering bestellen und einen Referenten von Weltrang einladen – schon vervielfachen sich die Beträge. Deshalb sollten Sie von Beginn an ein Budget festlegen, das eine klare Grenze vorgibt. Ein realistischer Wert aus der Praxis meiner abschließenden Budgetübersichten:
Vom Veranstaltungsbudget entfallen:

75-85% auf externe Dienstleister:

- Hotel
- Location
- Catering
- Veranstaltungstechnik
- Unterhaltung
- Logistik
- externe Manpower

5-15% auf Agenturleistungen:

- Konzept
- Planung
- Recherche
- Realisierung
- Koordination und Etatkontrolle
- Dokumentation
- Reisekosten
- Spesen und Auslagen

Der übrige Anteil, rund 10%, entfällt auf Steuern, Abgaben und Versicherungen.

Sie benötigen also die Budgetgröße für eine zielgerichtete Veranstaltungsplanung – denn ohne Budget planen Sie leicht an den Erwartungen oder Vorstellungen Ihrer Vorgesetzten oder Auftraggeber vorbei. Und keine Angst: Die Budgetgröße entscheidet nicht über den Veranstaltungserfolg! Haben Sie sich nicht auch schon auf kostspieligen Veranstaltungen gelangweilt und auf Veranstaltungen mit einem kleinen Budget köstlich amüsiert?

Mit gezielter Planung können Sie auch mit wenig Budget die Erwartungen Ihrer Besucher übertreffen und eine stimmige, spannende und unterhaltsame Veranstaltung organisieren.

Wie hoch ist das Ihnen zur Verfügung stehende Budget?

Fragen Sie also Ihren Budgetverantwortlichen oder Ihren Auftraggeber nach einem Budget. Sollte er oder sie keinen Wert nennen wollen (manche tun das, weil sie befürchten, damit die Kreativität des Eventmanagers einzuschränken – dabei ist gerade das Gegenteil der Fall!), bitten Sie um einen Richtwert, eine „Hausnummer". Sollte auch dieser nicht zu erhalten sein, empfehle ich die Orientierung an einer früheren Veranstaltung. Sie können sich dann durch geschickte Fragen nach der Zufriedenheit von Ausstattung, Catering etc. und der Teilnehmerzahl annähern und gucken, ob sich Ihr Budget in einem ähnlichen Rahmen bewegen soll oder inwiefern Abweichungen nach oben oder unten gewünscht oder gestattet sind (siehe Tabelle unten).

Events produzieren aber nicht nur Kosten – bei vielen Veranstaltungen können auch Einnahmen generiert werden, beispielsweise durch Verkauf von Eintrittskarten, Vermietung von Werbeflächen oder durch Katalogverkauf (praktische Hinweise und Tipps zur Generierung von Einnahmen bei Veranstaltungen siehe Checkliste „Mögliche Einnahmen" auf Seite 39). Sollte dies bei Ihrer Veranstaltung möglich sein, ist es nützlich, gleich bei Planungsbeginn eine Gegenüberstellung der zu erwartenden Kosten mit den zu erwarten-

den Einnahmen anzufertigen. Ein solcher Überblick kann wichtige Impulse für die Veranstaltungsplanung geben. Wenn Ihre Veranstaltung beispielsweise ausschließlich in der Gewinnzone stattfinden darf, kann Ihnen bereits dieses einfache Arbeitsmittel Entscheidungshilfe sein.

Um ein Vielfaches informativer wird diese Übersicht, wenn Sie einen Vergleich der zu erwartenden (Plan) und der tatsächlichen entstandenen Kosten (Ist) integrieren. Hilfreich ist es außerdem, eventuelle Abweichungen mit einer knappen Begründung zu versehen.

Eine solchermaßen laufend gepflegte Übersicht kann eines Ihrer wichtigsten Arbeitsmittel werden – für die Erfolgskontrolle der aktuellen Veranstaltung sowie für die Planung künftiger Veranstaltungen (siehe Abbildung 12 auf Seite 34).

Halten Sie diese Informationen gleich zu Beginn Ihrer Planung fest:

Budget für die Veranstaltung	Betrag in €	Bemerkung	Klärung
Gesamtbudget			
Pro Kopf-Budget			
Gibt es Werte aus der Vergangenheit oder liegen Vergleichswerte vor?			

Abbildung 13: Tabelle zur Budgetplanung eines Events

Gegenüberstellung Kosten/Einnahmen	Plan	Ist	Abweichung + oder - in €	Bemerkung/ Grund
Kostenarten (Kostenarten einzeln auflisten – Zusammenfassungen sind nur sinnvoll, wenn Aussagefähigkeit und Transparenz gewährleistet bleiben)				
Einnahmearten (Ebenfalls nur zusammenfassen, wenn Aussagefähigkeit und Transparenz gewährleistet bleiben)				
Differenz				

Abbildung 14: Tabelle zur Gegenüberstellung Kosten/Einnahmen eines Events

Praxisbeispiel

Sie sind Mitarbeiter eines Unternehmens und organisieren eine Vortragsveranstaltung. Zur Durchführung der Veranstaltung benötigen Sie einen Referenten, einen Tagungsraum mit Technik sowie Hostessen zur Registrierung und zum Anreichen von Mikrofonen. Mit dem Caterer haben Sie eine Tagungspauschale in Höhe von Euro 30,00 pro Person für Pausensnacks und Tagungsgetränke vereinbart. Außerdem möchte ein Verlag Ausstellungsflächen mieten, bei denen er seine Bücher zu dem Vortragsthema präsentieren kann.

Sie haben mit 250 Teilnehmern gerechnet, die eine Teilnehmergebühr von Euro 100,00 pro Person entrichten sollen. Dafür haben Sie 500 Personen eingeladen. Tatsächlich angemeldet haben sich allerdings nur 120 Personen.

Für diese Beispielveranstaltung könnte eine Gegenüberstellung von Ausgaben und Einnahmen unter Berücksichtigung eventueller Abweichungen – vereinfacht – etwa so aussehen:

Gegenüberstellung Kosten/Einnahmen	Plan 250 Pers.	Ist 120 Pers.	Abwei- chung + oder - in Euro	Bemerkung/ Grund
Kostenarten				
1. Einladungen (500 Personen)	1.250,- €	1.250,- €	0,- €	
2. Tagungsraum	1.000,- €	1.000,- €	0,- €	
3. Catering Gäste (für 120 Personen)	6.000,- €	3.600,- €	- 2.400,- €	Tagungs- pauschale p.P. € 30,- – weniger Gäste, dadurch geringere Kosten
4. Veranstaltungstechnik inkl. Techniker	500,- €	1.500,- €	+ 1.000,- €	Referent wünschte zusätzlich noch Beamer
5. Referent	1.000,- €	1.000,- €	0,- €	
6. Fremdpersonal: Hostessen (2 Pers.)	400,- €	400,- €	0,- €	
Summe Kosten gesamt	10.150,- €	8.750,- €	- 1.400,- €	Veranstaltung ist absolut € 1.400,00 günstiger als geplant, da nur 120 statt der erwarteten 250 Teilnehmer
Summe Kosten pro Teilnehmer	40,60 €	72,92 €	+ 32,32 €	Allerdings sind die Kosten pro Teilnehmer um 56% gestiegen
Einnahmearten				
1. Teilnehmergebühr (€ 100,- p.P.)	25.000,- €	12.000,- €	- 13.000,- €	Entgangene Einnahmen, weil weniger Teilnehmer
2. Vermietung Ausstellungsfläche	2.500,- €	2.500,- €	0,- €	
Summe Einnahmen gesamt	27.500,- €	14.500,- €	- 13.000,- €	Die Einnahmen liegen um € 13.000,- unter den Erwartungen, da nur 120 statt der erwarteten 250 Teilnehmer
Summe Einnahmen pro Teilnehmer	110,- €	120,83 €	+ 10,83 €	Durch Umlage der fixen Einnahmen durch Vermietung haben sich die Einnahmen pro Teilnehmer um 11% erhöht
Gewinn gesamt	17.350,- €	5.750,- €		
Gewinn pro Teilnehmer	69,40 €	47,92 €		

Abbildung 15: Beispielhafte Gegenüberstellung Kosten/Einnahmen eines Events

Diese Veranstaltung ist offensichtlich zu optimistisch geplant worden. Warum es zu der großen Abweichung bei den Besucherzahlen kam, wissen wir nicht. Die Veranstaltung bewegt sich aber noch in der Gewinnzone – allerdings offenbar nur, weil viele Bereiche wie Abwicklung und Handling von Besuchern, Anmeldung, Zahlung der Teilnahmegebühren intern erledigt wurden und diese Kosten nicht in den Vergleich mit eingeflossen sind.

Damit Ihnen so etwas bei Ihrer Planung nicht passieren kann, erhalten Sie nachfolgend eine detaillierte Planungshilfe zur Bestimmung Ihrer Kosten- und Einnahmearten.

Kostenarten	Kosten in €	Bemerkung	Klärung
1. Organisation			
Sekretariat/Organisation			
Reisekosten			
Bürokosten (Telefon, Porto, Kopien...)			
Kosten für Registrierung			
2. Drucksachen, Werbung	**Kosten in €**	**Bemerkung**	**Klärung**
Logo			
Layout			
Lizenzen			
Einladung (Erstellung, Druck)			
Anmeldung/Rückantwort			
Programm			
Werbematerial (Erstellung, Druck)			
Werbung (Verbreitung)			
Porto und Versand			
Teilnehmerliste			
Namensschilder			
Eintrittskarten			
Veranstaltungsunterlagen (Mappen, Ordner, Kugelschreiber, Blöcke, Prospekte)			
Pressemappen, Material			
Pressebetreuung, Konferenz etc.			
Übersetzungen			
Gastgeschenke, Give-Aways			
Pressegeschenke			

Abbildung 16: Planungshilfe zur Berechnung der Gesamtkosten eines Events (Teil 1)

3. Veranstaltungsablauf	Kosten in €	Bemerkung	Klärung
Agentur- und Beratungshonorare: Eventagentur Kongress-Consultant Rechtsanwalt für Vertragsprüfung			
Eigenpersonal: Arbeitszeit mit Lohnnebenkosten Überstunden Entgangene Einnahmen			
Fremdpersonal: Hostessen Dolmetscher Techniker Köche Service Garderobe Reinigung Helfer Erste-Hilfe-Personal Einlasskontrolle Security Wachdienst			
Referenten, VIPs, Künstler: Honorare Anreise Übernachtungen Präsente Plus Extras			
Technik: Veranstaltungstechnik Präsentationstechnik Licht & Ton Bühnentechnik Abstimmungstechnik Dolmetscheranlage Mobiltelefone Walkie-Talkies			
Catering Teilnehmer: Tagungsgetränke/Pauschale Pausenverpflegung Veranstaltungscatering Gala			
Catering VIPs, Referenten, Künstler: Speisen Getränke Extrawünsche			

Abbildung 17: Planungshilfe zur Berechnung der Gesamtkosten eines Events (Teil 2)

Catering Mitarbeiter/Crew: Speisen Getränke Zeitliche Flexibilität beachten!			
Gästetransfer: Busservice Shuttleservice Limousinen			
Übernachtung Teilnehmer (Übernahme der Kosten?)			
Anreise Teilnehmer (Übernahme der Kosten?)			
Übernachtung Team/Crew			
Reisekosten Team/Crew			
Raummieten inkl. Betriebskosten			
Nebenkosten: Strom Internet Kopierer Papier Telefaxgeräte Versorgung/Entsorgung			
Routing, Beschilderung			
Fotograf (Rechte!)			
Aufzeichnung der Veranstaltung			
Dekoration, Blumen			
Teilnehmergeschenke			
Präsente für Organisation			
Special Effects, Feuerwerk etc.			
Tagungsmaterial: Moderatorenkoffer Pinwände Flip-Charts Stifte Schilder			

Abbildung 18: Planungshilfe zur Berechnung der Gesamtkosten eines Events (Teil 3)

4. Veranstaltungs-Nebenkosten	Kosten in €	Bemerkung	Klärung
Versicherungen: Veranstalterhaftpflicht Veranstaltungsausfall Brand Diebstahl Unfall Reise- & Krankenversicherung			
Gebühren GEMA (Gesellschaft für musikalische Aufführungs- und mechanische Vervielfältigungsrechte)			
Beiträge KSK (Künstlersozialkasse)			
Genehmigungen Veranstaltung abnehmen lassen			
Kredite oder Bereitstellung finanzieller Mittel (Währung?)			
Lizenzen und Konzessionen			
5. Rahmenprogramm	**Kosten in €**	**Bemerkung**	**Klärung**
Location			
Transfer			
Catering			
6. Nach der Veranstaltung	**Kosten in €**	**Bemerkung**	**Klärung**
Endreinigung			
Rückbauten			
Nachbereitung			
Erfolgsmessung			
Reminder, Geschenke			
	Betrag in €	**Bemerkung**	**Klärung**
Reserve / Puffer (ca. 10%)			
Kosten gesamt:			

Abbildung 19: Planungshilfe zur Berechnung der Gesamtkosten eines Events (Teil 4)

Einnahmearten	Einnahmen in €	Bemerkung	Klärung
Einnahmen durch Teilnahmegebühren Veranstaltungsgebühren pauschal Tageskarten Tickets für Einzelveranstaltungen Eintrittsgebühr für Begleitung Kostenpflicht für Rahmenprogramm Kostenpflicht für Begleitveranstaltung			
Einnahmen aus Verkauf von Anzeigen Unterlagen/Publikationen Büchern Katalogen Arbeitsmaterial (Programme)			
Einnahmen aus Vermietung von Werbeflächen Ausstellungsflächen Raum zum Auslegen von Unterlagen			
Weitere Einnahmequellen Beilage in Tagungsmappe Merchandising Beteiligungen Öffentliche Fördergelder Zuschüsse			
Einnahmen aus Spenden Sachspenden Geldspenden			
Einnahmen aus Sponsoring Sachsponsoring Geldsponsoring			
Einnahmen gesamt			

Abbildung 20: Planungshilfe zur Berechnung der Gesamtkosten eines Events (Teil 5)

Eventuell mussten Sie nach der Gegenüberstellung von Kosten und Einnahmen feststellen, dass Ihre Veranstaltung so wie bisher geplant aus Budgetgründen gar nicht durchführbar ist. Durch Änderung bestimmter Rahmenbedingungen können Sie nötigenfalls Angleichungen zwischen Budget und Kosten vornehmen.

Diese Details bestimmen die Kosten für Ihre Veranstaltung maßgeblich:

Kostenrelevante Rahmenbedingungen	Änderbar	Kostenfaktor
Ein- oder mehrtägig?		
Intern oder extern?		
National oder international?		
Kostenlos oder kostenpflichtig?		
Profit- oder Non-Profit-Veranstaltung?		

Eine Übersicht der Veranstaltungskosten will ständig gepflegt und auf dem aktuellen Stand gehalten werden. Abweichungen müssen mit dem Budgetverantwortlichen besprochen werden, damit dieser nicht erst nach der Veranstaltung mit den Informationen überfallen wird, sondern beizeiten noch die Gelegenheit zu Gegenmaßnahmen besteht!

Nach Abschluss Ihrer Veranstaltung stellen Sie dann die tatsächlich entstandenen Kosten Ihren Kosten mit der Planung gegenüber und analysieren die Abweichungen.

Typische Gründe für Budgetüberschreitungen

Veränderung der Teilnehmerzahlen
Eine Veränderung der Teilnehmerzahl kann die Kosten für Übernachtungen und Catering in der Regel maßgeblich nach oben oder nach unten verändern – außer es wurden volle Kostenübernahme oder Festpreise ausgehandelt.

Aufschläge für kurzfristige Buchungen
Kurzfristiges Buchen kommt einen bei Veranstaltungen teuer. Sei es, weil Sie bestimmte Rabatte und Angebote nicht mehr nutzen können, oder weil Sie nicht mehr über die Auswahl und den Verhandlungsspielraum verfügen, um einen Sonderpreis auszuhandeln.

Aufschläge für Eilbestellungen
Das Gleiche gilt für Eilbestellungen: Die Druckerei, die eine Extra-Schicht einlegen muss, um die Einladungen zu produzieren, lässt sich die Überstunden natürlich bezahlen, ebenso wie alle anderen Lieferanten oder Dienstleister.

Veranstaltungen zu Messezeiten
Überlegen Sie sich vorher, ob es wirklich Sinn macht, Ihre Veranstaltung in einer Messestadt zur Messezeit durchzuführen. Nicht nur, dass viele Hotels Spitzenpreise verlangen (wenn überhaupt noch Zimmer verfügbar sind), auch die Gestaltung eines Rahmenprogramms wird teurer und schwieriger.

Extras und „Special Orders"

Ein wichtiger Punkt, der enorm in die Kosten gehen kann! Achten Sie darauf, dass es vorher eine allgemeingültige Anweisung gibt, von wem die feinen Extras von Aperitif bis Zigarre zu tragen sind.

Veränderungen am Veranstaltungskonzept

Dieses Problem ist leider häufig und hausgemacht. Nachträgliche Änderungen am Konzept hinsichtlich Künstlern, Catering, Ausstattung etc. schlagen sich bei den Kosten nieder. Denn sowohl die Agentur als auch Ihre Mitarbeiter müssen Ihre zusätzliche Zeit vergütet bekommen. Immer wieder neue Recherchen, Anfragen, Angebotsprüfung, Preisverhandlungen und Vergleiche kosten Zeit und damit Geld.

Kleinvieh macht auch Mist!

Nach Veranstaltungen ist häufig die Verwunderung groß, wie sehr Gastgeschenke und andere Kleinigkeiten, wie etwa die Namensschildchen, doch ins Geld gehen können. Stecken Sie vorher ein festes Budget dafür ab – Überschreitungen nur nach Rücksprache mit Ihnen.

Projektteam

Wie organisieren Sie die Arbeit im Team?

Veranstaltungsorganisation ist Teamarbeit – aus vielen guten Gründen: Zum einen ist das benötigte Wissen so breit gefächert, dass es kaum möglich ist, dies auf ein oder zwei Personen zu vereinen; zum anderen ist der erforderliche Zeitaufwand gerade bei der Organisation größerer Veranstaltungen enorm. Die Last auf mehrere Schultern zu verteilen, ist daher sinnvoll. Bei der Zusammenstellung eines guten Projektteams sollten Sie einige wichtige Punkte beachten:

Know-how

Das Wissen der Teilnehmer sollte nützlich für die Organisation der Veranstaltung sein. Wenn Sie die anderen Teilnehmer erst anlernen müssen, kostet Sie das Zeit.

Kompetenz

Ihr Projektteam sollte aus Personen mit Entscheidungsbefugnis oder zumindest einem gewissen Entscheidungsrahmen für ihren jeweiligen Bereich bestehen. Es wird einfach zu aufwändig, wenn jede Entscheidung nochmals von dem jeweiligen Vorgesetzten genehmigt werden muss.

Kapazität

Der gute Wille reicht nicht – die Teilnehmer Ihres Teams müssen auch über die zeitliche Kapazität verfügen, die Aufgabe zu bewältigen. Wenn Ihnen Ihr Team mitten in der Planung wegen Zeitmangel wegbricht, ist die Situation häufig kaum zu retten.

Kontakte

Der „gute Draht nach oben" kann bei Veranstaltungen ein entscheidender Vorteil sein. Eine Vorstandssekretärin oder ein Assistent der Geschäftsleitung ist für Ihr Planungsteam Gold wert.

Projektteam	Name	Vertreter	Aufgabenbereich
Geschäftsleitung (Sekretariat, Assistenz)			
Marketing			
PR und Öffentlichkeitsarbeit			
Personalabteilung			
Controlling, Buchhaltung			

Abbildung 21: Planungshilfe zur Zusammenstellung des Projektteams

Und nicht zuletzt:

▪ **Spaß an der Sache!**

Das Projektteam muss mit Freude bei der Sache sein, keinesfalls soll aus Ihrem Projekt eine Strafarbeit für die Beteiligten werden! Denn ohne Motivation wird niemand Leistung bringen.

Für das während der Veranstaltungsplanung benötigte Fachwissen ist eine Zusammenstellung Ihres Projektteams aus verschiedenen Unternehmensbereichen ratsam. Das Team könnte beispielsweise wie folgt zusammengesetzt sein (siehe Tabelle oben).

In der Übersicht der Projektmitglieder wird festgehalten:

▪ wer dem Team angehört,

▪ was die detaillierten Aufgaben und Zuständigkeiten der Teammitglieder sind,

▪ und wer das jeweilige Teammitglied in Abwesenheit vertritt.

Die Mitglieder der Projektteams treten in regelmäßigen Besprechungsterminen zusammen, bei denen Abläufe geplant, Aufgaben verteilt und offene Punkte entschieden werden. Achtung: Bewährt hat es sich, für diese Sitzungen eine Teilnahmepflicht auszurufen!

Wer verhindert ist, entsendet einen – wiederum entscheidungsbefugten – Vertreter. In den Projektsitzungen sollen alle Beteiligten ihr Know-how gleichberechtigt einbringen können. Einzige Ausnahme: Zur finalen Einscheidungsfindung ist es wichtig, dass es EINEN Entscheider gibt, den Projektleiter – am besten SIE.

Aufgabenverteilung im Projektteam

Bitte machen Sie sich als Projektleiter auch Gedanken darüber, wie die anfallenden Aufgaben im Team verteilt werden. Dabei sollten Sie die folgenden drei Aspekte berückstichtigen:

Natürlich sind **spezielle Vorlieben und Fachwissen** die Grundlage für die Aufgabenverteilung, aber das ist noch nicht alles.

Aufgaben müssen **realistisch und zumutbar** sein, das heißt, der Zuständige muss seinen Aufgabenbereich auch bewältigen können, sonst ist sein Versagen vorprogrammiert.

Des Weiteren ist es wichtig, dass die Aufgaben **in Umfang und Prestige relativ gleichmäßig** verteilt werden, sonst entsteht schnell das Gefühl, dass sich Einzelne die „Rosinen herauspicken" dürfen und andere nur die Hilfsarbeiten erledigen – und das wirkt sich natürlich negativ auf die Stimmung im Projektteam aus.

Praxistipp: Vergütung

Veranstaltungsorganisation eignet sich hervorragend für leistungsbezogene Vergütungsmodelle. Sollte dies bei Ihnen möglich sein, ist es doppelt wichtig, dass Ihre Aufgaben messbar sind – denn dann möchten Sie ja an Ihrem Erfolg gemessen werden!

Struktur von Projektsitzungen

In den Projektsitzungen werden die Aufgabenpakete, die bei der Planung und Organisation der Veranstaltung anfielen, gemeinsam definiert und die Erledigung dieser Aufgaben im Team verteilt. Beispiel Einladungen: Erstellen der Einladung, Druck, Versand, Verfolgung der Rückmeldungen, eventuell Nachfassen oder Einladung weiterer Teilnehmer.

Die Inhalte der Teamsitzungen – vor allem Termine, Entscheidungen, Aufgaben betreffend, sollten in einem Protokoll, das alle Teilnehmer zeitnah erhalten, festgehalten werden. Die Aufgabe der Protokollführung sollte reihum übernommen werden.

Zu beachten ist, dass viele Arbeitsschritte aufeinander aufbauen. So kann zum Beispiel erst nach Festlegen von Termin und Location die Einladung erfolgen. Solche Punkte oder „Meilensteine" müssen daher unbedingt mit einem festen Erledigungstermin versehen werden.

Die Teammitglieder berichten in den Projektsitzungen über den Fortgang Ihrer Arbeitspakete. Absehbare Terminverzögerungen müssen sofort gemeldet werden, damit entsprechende Gegenmaßnahmen getroffen werden können!

Für besonders kritische Punkte empfiehlt sich die Einplanung einer zeitlichen Reserve oder eines „Puffers", damit nicht die gesamte Veranstaltung gefährdet wird.

Für schlecht planbare Veranstaltungspunkte wie zum Beispiel die Witterungsbedingungen muss es unbedingt einen „Plan B" – also einen Notfallplan – geben (Beispiel: Schlecht-Wetter-Variante).

Praxistipp: EDV-Unterstützung

Für die Planung komplexer Projekte gibt es spezielle EDV-Projektplanungsprogramme, beispielsweise „Project 2003" von Microsoft. Diese sind häufig in bestimmten Fachabteilungen im Unternehmen bereits vorhanden.

Veranstaltungsrahmen

Wie finden Sie das ideale „setting"?

Im folgenden Kapitel erhalten Sie Informationen, Checklisten und Praxistipps zu den zentralen Rahmenbedingungen, die bei jeder Veranstaltung und jedem Event zu beachten sind:

- **Veranstaltungstermin**
- **Veranstaltungsort (Stadt / Land)**
- **Veranstaltungsstätte / Location**

Gerade die Rahmenbedingungen von Veranstaltungen haben den großen Vorteil, dass sie sich hervorragend mit Hilfe von Checklisten planen und erledigen lassen. Wer den Wert von Checklisten bis jetzt noch kennen gelernt hat, der wird sie spätestens bei all den kleinen organisatorischen Punkten rund um den Veranstaltungsrahmen sehr zu schätzen wissen.

Veranstaltungstermin

Gerade der Veranstaltungstermin ist in der Praxis häufig die erste große Hürde in der Veranstaltungsplanung. Als ob es nicht schwierig genug wäre, alle Teilnehmer, die bei der Veranstaltung anwesend sein müssen, zeitlich unter einen Hut zu bekommen!

Dazu muss an Ferientermine, Feier- und Brückentage – und das eventuell auch noch international – gedacht werden, ebenso wie an Messen, Großveranstaltungen und Sportereignisse.

Damit Ihnen hierbei nichts verloren geht, erhalten Sie in folgender Liste die wichtigsten relevanten Faktoren, die Ihren Veranstaltungstermin beeinflussen können:

Veranstaltungstermin	Zuständig / Entscheidung	Deadline	Erledigt
Bei Auswahl berücksichtigen:			
Ferientermine			
Feiertage, Brückentage (je nach Teilnehmern auch international)			
Messetermine			
Innerbetriebliche Termine (zum Beispiel Jahresabschluss)			
Verkehrsreiche An- und Abreisetage			
Sportereignisse (Olympia, WM, EM...)			
Großveranstaltungen am Veranstaltungsort (Konzerte, Festspiele etc.)			
Abstimmung mit Geschäftsleitung / Vorstand			
Abstimmung mit allen Teilnehmern, für die Teilnahmepflicht besteht			
Abstimmung mit Referenten, Moderator			

Abbildung 22: Planungshilfe Veranstaltungstermin

Praxistipp: Terminplanung

Eine nützliche Planungshilfe für Feiertage (auch international) erhalten Sie im Internet unter: www.weltzeituhr.de. Messetermine (ebenfalls auch international) finden Sie unter www.auma.de. Termine von Großveranstaltungen in einzelnen Städten (wie Love-Parade oder Oktoberfest) bekommen Sie am besten direkt über die Homepage der betreffenden Stadt heraus.

Veranstaltungsort (Stadt/Land)

Von der Wahl des richtigen Veranstaltungsortes hängt einiges ab – nicht zuletzt, wie unkompliziert und entspannt Ihre Gäste bei der Veranstaltung eintreffen.

Mit der folgenden Checkliste können Sie die Vor- und Nachteile der in Frage kommenden Veranstaltungsorte auf einen Blick erkennen:

Veranstaltungsort (legen Sie für jeden in Frage kommenden Ort eine separate Checkliste an):	Definition	Zuständig/ Entschei- dung	Stand	Erledigt
Attraktivität des Ortes				
Anspruch an: Klima Ambiente Freizeitmöglichkeiten Preisgestaltung				
Anspruch an Erreichbarkeit: Flugzeug Bahn Auto				
Entfernung vom Unternehmenssitz				
Wird der Ort von preisgünstigen Fluggesellschaften angeflogen?				
Fassen Ort, Hotels etc. die Teil- nehmerzahl?				
Besondere Anforderungen an: Technik Logistik Bauliche Bedingungen Extras wie z. B. Rennstrecke				
In welchen Orten fanden ver- gleichbare Veranstaltungen in der Vergangenheit statt?				
Passen Ort und Veranstaltungsziel zusammen (Imagetransfer)?				

Abbildung 23: Checkliste zur Bewertung externer Locations

Veranstaltungsstätte/Location

Wägen Sie genau ab, wo Sie Ihre Veranstaltung durchführen möchten. Sowohl Ihre firmeneigenen Räumlichkeiten als auch eine externe Veranstaltungslocation können für Ihre spezielle Veranstaltung Vor- und Nachteile bieten. Folgende Checklisten sollen Ihnen Entscheidungshilfe sein:

Praxistipp: Der erste Eindruck

Bitte schlüpfen Sie einmal kurz in die Rolle Ihrer Teilnehmer. Wie werden diese an der Veranstaltungsstätte empfangen? Was sehen sie zuerst? Wie können Sie es Ihren Teilnehmern erleichtern, „anzukommen" und sich zurechtzufinden? Im Tagungsraum: Leise Hintergrundmusik und eine freundliche individuelle Begrüßung vermitteln einen professionellen Eindruck!

Firmeneigene Räumlichkeiten (legen Sie für jeden in Frage kommenden Raum eine separate Checkliste an):	Ja/Nein	Zuständig/ Entschei- dung	Vorteile	Nachteile
Attraktivität des Gebäudes				
Ausreichend Parkplätze vorhanden?				
Verkehrsanbindung				
Tagungsraum ausreichend groß?				
Nebenräume benötigt?				
Ausreichend Toiletten vorhanden? Zustand?				
Catering gut möglich? (Erreichbarkeit, Raum für Lagerung und Zubereitung)				
Was muss angemietet werden? Equipment Mietmöbel Garderoben Kosten hierfür?				
Welche Dekoration ist erforderlich?				
Welche Technik wird benötigt? Was ist im Hause vorhanden?				
Passen Ort und Veranstaltungsziel zusammen (Imagetransfer)?				

Abbildung 24: Checkliste zur Auswahl der Räumlichkeiten (Teil 1)

Externe Veranstaltungslocation (legen Sie für jede in Frage kommende Location eine separate Checkliste an):	Ja/Nein	Zuständig/ Entschei- dung	Vorteile	Nachteile
Attraktivität der Veranstaltungs- stätte				
Anforderung an Verkehrsanbin- dung: Ausreichend Parkplätze vorhan- den? Parkhaus in der Nähe? Rahmenvereinbarung möglich?				
Anspruch an Lage und Freizeit- möglichkeiten				
Anforderungen an Tagungsräu- me hinsichtlich: Anzahl Größe Ausstattung Außenlärm Beleuchtung (Tageslicht?) Belüftung (Klimaanlage) Dekoration Anlieferung/Zufahrt				
Anforderung an Tagungstech- nik: Was vorhanden? Was muss gemietet werden? Technischer Support im Haus?				
Sind Nebenräume nötig und, wenn ja, auch verfügbar? (für Fahrer, Sicherheit, Presse, Dolmetscher, Crew)				
Kosten Tagungsraum (Stornofrist!)				
Was ist in der Raummiete inklu- diert? **Was muss zusätzlich angemie- tet werden?** Equipment Möbel Zusätzliche Kosten hierfür?				
Catering: Bindung an Hauscate- rer? Wie ist dieser hinsichtlich Preis und Leistung aufgestellt?				
Passen Veranstaltungsstätte und Veranstaltungsziel zusammen (Imagetransfer)?				

Abbildung 25: Checkliste zur Auswahl der Räumlichkeiten (Teil 2)

Besonderheiten

Bei welchen „Kleinigkeiten" müssen Sie besonders aufpassen?

Im folgenden Kapitel erhalten Sie eine Zusammenstellung von sensiblen Veranstaltungsbereichen, die gerne mal vergessen werden. Prüfen Sie im Bedarfsfall einfach schnell, ob die genannten Punkte Ihre Veranstaltung betreffen:

▨ Anmeldungen, Versicherungen und Gebühren

▨ Einladung

▨ Referenten, Gastredner, Moderatoren

▨ Rahmenprogramm

Anmeldungen, Versicherungen und Gebühren

Ein Punkt, auf den Sie besonderen Wert legen sollten, sich die zahlreichen Anmeldungen und Versicherungen, die Sie als EventmanagerIn tätigen müssen. Die Nicht-Beachtung von gesetzlichen Vorschriften im Veranstaltungsbereich kann nicht nur sehr teuer werden, im Extremfall kann dies zum Ausfall Ihrer Veranstaltung führen!

Prüfen Sie daher bei Ihrer Veranstaltung genau

I. Anmeldungen

Ihr erster Ansprechpartner ist das Ordnungsamt Ihrer Stadtverwaltung. Dort erhalten Sie wichtige Informationen und Tipps zur Anmeldung von Veranstaltungen.

Anmelden müssen Sie beispielsweise folgende Veranstaltungen:

▨ Veranstaltungen, die auf öffentlichen Flächen wie zum Beispiel Plätzen, Fußgängerzonen, Parks und Grünanlagen durchgeführt werden, oder bei denen solche mit einbezogen werden.

▨ Veranstaltungen, bei denen eine Beeinträchtigung des Straßenverkehrs zu erwarten ist – je nach Umfang werden Verkehrsmaßnahmen vom Veranstalter selbst oder durch das Straßenbauamt durchgeführt. Entstehende Kosten trägt der Veranstalter.

▨ Veranstaltungen in Gebäuden und Locations, bei denen vom genehmigten Einrichtungsplan (dieser liegt dem Betreiber der Versammlungsstätte vor) abgewichen wird. Dies ist besonders für die Einhaltung der erforderlichen Fluchtwege wichtig. Abweichungen muss die Bauaufsicht abnehmen.

▨ Veranstaltungen, bei denen Speisen und/ oder Getränke gegen Entgelt abgegeben werden. Hier muss gegebenenfalls auch an eine Änderung der gesetzlich vorgeschriebenen Sperrzeiten gedacht werden.

▨ Musikalische Darbietungen (live oder von Tonträgern) und Veranstaltungen mit Beschallungsanlagen im Freien (beispielsweise für Durchsagen, Ansprachen etc.)

▨ Veranstaltungen, die brandschutzrechtlich gefährlich sind, beispielsweise offenes Feuer, Gas, Pyrotechnik. Für diese erstellt die Branddirektion eine brandschutztechnische

Beurteilung. Diese gibt außerdem Auskunft über die Anzahl der benötigen Sanitäter am Veranstaltungsort.

▓ Feuerwerke: Die maximal zulässigen Endzeiten sind zu beachten. Im Mai, Juni, Juli bis 23:30 Uhr, in der sonstigen Sommerzeit bis 23:00 Uhr, im übrigen Jahr bis 22:00 Uhr (Ausnahme: Silvester)

▓ Messen, Ausstellungen, Tombolas, Wochenmärkte, Jahrmärkte, Volksfeste und Großmärkte

▓ Veranstaltungen, bei denen so genannte „Fliegende Bauten", also Bühnen, Tribünen, Zelte, Messestände aufgestellt werden. Die fliegenden Bauten müssen von der Bauaufsicht abgenommen werden.

Die Einhaltung der gesetzlichen Vorschriften (siehe auch die Versammlungsstättenverordnung Ihres jeweiligen Bundeslandes) dient hauptsächlich der Sicherheit Ihrer Teilnehmer. Wir kennen alle aus der Presse Beispiele für schreckliche Katastrophen, die eintreten konnten, weil Sicherheitsbestimmungen oder Vorschriften nicht eingehalten wurden. Und vom menschlichen Risiko einmal abgesehen: Bei Nicht-Einhaltung von Vorschriften und Bestimmungen haftet natürlich der Veranstalter.

Klären Sie im Zweifelsfall einfach durch kurzen Anruf beim Ordnungsamt, ob Anmeldepflicht für Ihre Veranstaltung besteht und wen Sie über die Durchführung informieren müssen. Das Ordnungsamt oder andere von der Veranstaltung betroffene Ämter informieren Sie dann auch über die zu leistenden Abgaben und Gebühren.

Üblicherweise können Sie bei Ihrem Ordnungsamt einen Formularsatz für Veranstaltungen erhalten, über den Sie die Anmeldung dann schnell und einfach vornehmen können (siehe Seite 84 ff.)

II. Versicherungen

Für Sie als vorausschauende VeranstalterIn ist es auch in jedem Falle sinnvoll, sich gegen bestimmte kalkulierbare Risiken abzusichern. Eine in jedem Falle empfehlenswerte Allround-Versicherung ist die Veranstaltungshaftpflicht, die eine große Zahl typischer Schäden, die bei Veranstaltungen auftreten können, abdeckt. Veranstaltungshaftpflichtversicherungen werden von den meisten großen Versicherungen angeboten.

Sprechen Sie mit Ihrer Versicherungsgesellschaft über das Risikopotenzial Ihrer geplanten Veranstaltung. Je nach Fall könnten weitere Versicherungen wie Veranstaltungsausfallversicherung, Brandversicherung, Unfallversicherung oder Diebstahlversicherung erwägenswert sein.

III. Gebühren und Abgaben

Vergessen Sie nicht, Veranstaltungen mit musikalischen Darbietungen bei der „Gesellschaft für musikalische Aufführungs- und mechanische Vervielfältigungsrechte", kurz GEMA (www.gema.de), anzumelden und die anfallenden Gebühren zu entrichten. Die Höhe der Gebühren richtet sich unter anderem nach Eintrittspreisen, Teilnehmerzahlen und Quadratmeterfläche des Veranstaltungsortes.

Arbeiten Sie mit Live-Bands und Künstlern, fallen Beiträge für die Künstlersozialkasse (KSK) an, wenn die Künstler dieser angehören (was meist der Fall ist). Diese können entweder Sie direkt entrichten oder die Künstler leiten diese von ihrem Künstlerhonorar weiter.

Bitte unbedingt bedenken: Laden Sie Ihre Teilnehmer erst dann ein, wenn Sie sicher sein können, dass Ihre Veranstaltung wie geplant genehmigt wird! Bei Nicht-Genehmigung aus Sicherheitsgründen etc. sind eventuell erhebliche Änderungen am Veranstaltungskonzept notwendig, die auch eine Änderung der in der Einladung genannten Angaben nach sich ziehen können.

Die Einladung

Nachdem Sie sich über all die grundsätzlichen Bausteine Ihrer Veranstaltung geeinigt haben, wird es Zeit, Ihre Teilnehmer zu informieren!

Mit Ihrer Einladung senden Sie bereits eine Vielzahl von Signalen: Der Charakter und die Art der Veranstaltung soll durch den Ton der Ansprache, die Aufmachung und auch die Papierwahl unterstrichen und angekündigt werden.

Eine Einladung kann auf ganz unterschiedliche Weise erfolgen, zum Beispiel als

- Klappkarte oder Faltblatt
- Persönlicher Brief
- Wurfsendung, Plakatierung
- Postkarten, Infostände, Promotion
- Aushänge, Anzeigen
- E-Mail
- Persönliches Gespräch oder Anruf

Unabhängig von der Form: Eine Einladung sollte etwa vier bis sechs Wochen vor der Veranstaltung erfolgen. Da Prominente und VIPs meist sehr langfristig verplant sind, können Sie diese, sobald der Veranstaltungstermin feststeht, telefonisch vorab informieren und bitten, sich den Termin schon einmal freizuhalten.

Haben Sie für Ihre Veranstaltung eine Form der Einladung gewählt, die Druckaufträge mit einschließt? Dann müssen die zusätzlichen Zeiten für Layouterstellung und Druck mit einkalkuliert werden. Beachten Sie auch die Fristen für die Druckaufträge, zu denen alle Informationen und Details, die in der Einladung erwähnt werden sollen, feststehen müssen (Veranstaltungslogo, Motto, Location, Referenten, Moderator ...). Setzt sich Ihre Zielgruppe aus internationalen Gästen zusammen, so sind zusätzlich auch noch die Übersetzungszeiten zu kalkulieren.

> **Praxistipp: Einladung**
>
> Achten Sie auf korrekte Schreibweise von Name und Anschrift des Empfänger. Sie zeigen dem Empfänger damit, ob Sie sich um ihn bemühen oder nicht.

Hier eine Checkliste zu den Inhalten einer Einladung:

Einladung	Zuständig/ Entscheidung	Stand/Bemerkung	Termin
• Veranstaltungsart • Motto/Veranstaltungsziel • Datum • Beginn und voraussichtliches Ende • Ort (Stadt & Location mit genauer Anschrift und Telefonnummer) • Thema • Ablauf, Tagesordnung, Programm • Namen der Referenten • Name des Moderators • VIPs • Anfahrtsbeschreibung – Text & Skizze (Pkw und öffentliche Verkehrsmittel) • Parkmöglichkeiten • Übernachtungsmöglichkeiten • Bekleidungshinweis • Temperaturhinweis • Anmeldefrist (14 Tage vor Veranstaltung) • Anmeldeformular • Mitnahme von Begleitperson(en) möglich/erwünscht? • Fahrer? • Rahmenprogramm • Partnerprogramm • Ansprechpartner für organisatorische und inhaltliche Fragen			

Abbildung 26: Checkliste Eventeinladung

Praxistipp: Rückmeldeliste

Pflegen Sie Ihre Rückmeldeliste am besten am Computer und unterteilen Sie sie in die Rubriken Name (Vor-& Zuname, Titel), Firma, Anschrift, Telefon, Zusage, Absage, entsendet Vertreter, Begleitung (Name, Zahl). Die Zusagen- und Begleitungsspalte können Sie dann direkt vor der Veranstaltung in eine Teilnehmerliste umwandeln, mit der bei der Veranstaltung gearbeitet wird.

Referenten, Gastredner, Moderatoren

Mit welchen Referenten, Gastrednern oder Moderatoren möchten Sie Ihre Veranstaltung „bereichern"? Ein namhafter Referent kann ein wichtiges Zugpferd für die Teilnehmerquote oder den Abverkauf von Einladungen sein. Daher sollten Sie sich darüber einige grundsätzliche Gedanken machen.

Kosten und Nutzen sollten in einem sinnvollen Verhältnis zueinander stehen, denn prominente Moderatoren oder begehrte Referenten sind ein enormer Kostenfaktor. Besonders wichtig, gerade bei der Zusammenarbeit mit Prominenten: die Glaubwürdigkeit. Man muss der Persönlichkeit wirklich abnehmen, dass sie von Ihrer Firma oder Ihrem Produkt überzeugt ist – sonst wirkt die Performance lächerlich und gestellt.

Außerdem soll ein positiver Imagetransfer gewährleistet sein, denn Ihr Unternehmen wird mit dem Image des Stars verknüpft. Stellen Sie sich also besser vorher die Frage, was es für Sie bedeutet, wenn der Tennis-Star keine Spiele mehr gewinnt oder der gefeierte Torschütze sich gerade spektakulär von Frau und Kind trennt.

Achten Sie außerdem darauf, dass der Star mit seinem Auftreten Ihre Veranstaltung nicht überlagert. Was bringen Ihnen viele Besucher auf Ihrem Messestand, wenn sie sich hinterher nur an den Star erinnern und nicht, an wessen Stand sie ihn gesehen haben?

Haben Sie sich für bestimmte Moderatoren, Referenten, Gastredner entschieden, gibt es auch in der Abwicklung einige wichtige Punkte zu beachten, denn diese Personen haben ganz eigene Ansprüche und Erwartungen.

Referenten, Gastredner, Moderatoren (eine Liste je Person)	Zuständig	Stand/Bemerkung	Termin
Rechtzeitig ansprechen und Termin festmachen (ca. 6 Monate Vorlauf)			
Informationen zur geplanten Veranstaltung: • Veranstaltungsziel • seine Rolle • gewünschter Beitrag (Inhalt+Dauer) • Wissensstand & Hintergrund Teilnehmer			
Eventuelle Missstimmungen im Unternehmen oder Probleme der Firma			
Dank- und Bestätigungsschreiben für Zusage			
Honorarvereinbarung			
Zusätzliche Kosten (Anreise, Übernachtung, Spesen, Extras)			
Vertrag/Zusatzvereinbarung			
Einladung wie an Teilnehmer (sämtliche Daten und Informationen)			
Informationen zu Teilnehmern und weiteren Referenten, Gastrednern und Moderatoren (Namen, Themen, Reihenfolge)			
Exposé oder Handout? Bis wann?			
Übersetzung? Dolmetscher?			
Gewünschte Technik und Equipment			
Probe wann und mit wem?			
Ruheraum oder Tageszimmer			
Verpflegung			
Mitschnitt oder Abschrift möglich?			
Fotoshooting (Rechte?)			
Blumen/Präsent			
Dankschreiben, Abrechung			

Abbildung 27: Checkliste Referentenbetreuung

Praxistipp: Umfassende Information

Besonders wichtig für eine gute Vorbereitung ist eine rechtzeitige und umfassende
Weitergabe aller Informationen, die Inhalt
und Ablauf der Veranstaltung betreffen,
sowie relevanter Informationen zu den
Teilnehmern.

Rahmenprogramm

Soll Ihr Event von einem Unterhaltungspro-
gramm „eingerahmt" werden? Bieten Sie für
die jeweiligen Begleitpersonen Ihrer Teilnehmer ein Partnerprogramm an (früher hieß
das einmal „Damenprogramm", aber das ist
glücklicherweise längst überholt)?

Auch das Rahmenprogramm kann die At-
traktivität des ganzen Events aus der Sicht
Ihrer Teilnehmer maßgeblich erhöhen!

Allerdings kann es je nach Aufwand auch ei-
nen beträchtlichen Kostenblock verursachen.
Also auch hier bitte Aufwand/Kosten und
Nutzen sorgfältig gegeneinander abwägen.

Nachfolgend erhalten Sie Tipps und Ideen
für kleine und große Rahmenprogramme
sowie große und kleine Budgets:

Mögliche Rahmenprogramme	Zuständig/ Entscheidung	Bemerkung	Kosten
Stadtbesichtigung: • Historische Bauten • Bedeutente Gebäude (Börse, Kasino ...) • Berühmte Persönlichkeiten • Attraktive Plätze			
Ausflugsziele Umland: • Historisches • Interessantes • Einzigartiges • Regionale Besonderheiten (Berge, Meer, Hafen ...)			
Kultur: • Oper • Theater • Konzerte • Museen • Ausstellungen • Musical • Ballett (Kulturkalender)			
Branchenhighlights: • Werksbesichtigung • Messen • Ausstellungen			
Shopping: • Besondere Geschäfte • Einkaufsstraßen (Marken, Preise) • Angebote (Werksverkauf)			
Sportliches: • Golfplatz (Schnupperkurse?) • Hochseilgarten • Kart-Bahn • Kegeln/Bowling			
Kulinarisches: • Weinprobe • Verkostung regionaler Spezialitäten • Besichtigung von Produktionsbetrieben wie Schokoladenfabrik oder Käserei • Kochkurs beim Sterne-Koch oder Sushi-Kurs			

Abbildung 28: Checkliste Rahmenprogrammplanung

Praxistipp: Umfassende Information

Besucher empfinden Begleit- oder Rahmenprogramme häufig als höherwertig,
wenn sich die Leistung in dieser Form
nicht kaufen lässt. Denn da mittlerweile
fast alles irgendwie käuflich ist, garantiert
nur ein nicht-käuflicher Event wirkliche
Exklusivität. Prüfen Sie daher, inwieweit
dies bei Ihrem Programm möglich ist
– beispielsweise als „Blick hinter die
Kulissen".

4. Die Veranstaltungsdurchführung

Mitarbeiterteam vor Ort

Während der Veranstaltung ist das Veranstaltungspersonal das Aushängeschild Ihres Unternehmens. Es muss daher in der Lage sein, Ihr Unternehmen angemessen zu präsentieren und zu repräsentieren.

Neben den erforderlichen „soft-skills" wie Auftreten, Ausstrahlung und Benehmen gehört dazu auch eine ausreichende Schulung oder ein Briefing über die Veranstaltung, Ihre Besucher und Ihr Unternehmen. Das Briefing sollte mit nicht zu langer Vorlaufzeit vor der Veranstaltung erfolgen; zwei bis drei Tage vor der Veranstaltung sind ideal.

Die Schulung Ihres Veranstaltungspersonals sollte umfassen:

Informationen zu Ihrem Unternehmen
- Unternehmenssitz
- Größe (Mitarbeiterzahl)
- Branche
- Produkte
- Image
- Historie
- Philosophie

Informationen zu Ihrer Zielgruppe
- Art der Ansprache
- Besonderheiten/Charakteristika

Vermittlung Ihrer Veranstaltungsziele

Detaillierte, verständliche, messbare Definition Ihrer Ziele – und wie die Veranstaltungsmitarbeiter zur Zielerreichung beitragen können.

> **Praxistipp: Personalkleidung**
>
> Machen Sie Ihr Veranstaltungspersonal als solches erkennbar! Je nach Veranstaltungsart und -stil eignen sich hierfür einheitliche Kleidung und Accessoires wie Halstücher, Kopfbedeckungen etc.

Damit Ihr Personal den Veranstaltungsort kennt und die typischen Besucherfragen beantworten kann, gehören auch eine gemeinsame Begehung der Location sowie eine Einweisung in eventuell zu bedienende technische Geräte zum Briefing.

Ob internes oder externes Personal – legen Sie rechtzeitig fest, für welche Bereiche bei Ihrer Veranstaltung Personal benötigt wird. Hier eine Aufstellung der typischen Aufgaben- oder Einsatzbereiche, anhand derer Sie checken können, was für Ihre Veranstaltung in Frage kommt:

Einsatzbereiche der Veranstaltungsmitarbeiter	Name	Aufgabe	Einsatzort	Einsatzzeit
Tagungssekretariat				
Hostessen				
Einlasskontrolle				
Information/Empfang				
Referentenbetreuung (Sprache?)				
VIP-Betreuung (Sprache?)				
Dolmetscher				
Fotograf				
Fahrservice				
Garderobe				
Servicepersonal				
Reinigung (auch WC)				
Wachdienst/Sicherheit/ Personenschutz				
Parkplatzeinweiser				
Technik (mit Notdienst)				
Helfer für Logistik, Aufbau etc.				

Abbildung 29: Checkliste Einsatzplanung Veranstaltungsmitarbeiter

Für welche Aufgaben wird wie viel Personal wo und von wann bis wann benötigt? Detailliertes Briefing mit Ablaufplan und Aufgabenverteilung ca. 3 Tage vor Veranstaltung! Einweisung 2 Stunden vor Veranstaltungsbeginn.

Praxistipp: Aufgabenverteilung

Delegieren Sie, verteilen Sie die Aufgaben! Geben Sie alles ab, wofür Sie nicht wirklich persönlich benötigt werden. Sie als EventmanagerIn sind während der Veranstaltung AnsprechparterIn für alle Fragen und EntscheiderIn für alles Unvorhergesehene – das ist genug!

Wie sehr die Anforderungen ins Detail gehen können, soll Ihnen das nachfolgende Beispiel einer ausgearbeiteten Checkliste für ein Tagungssekretariat aufzeigen. Dieses Beispiel zeigt außerdem, wie gut sich die Vorbereitung einzelner Aufgabenbereiche delegieren lässt, wenn diese entsprechend „stolpersicher" vorbereitet sind:

Tagungssekretariat	Details/Anzahl	Klärung/ zuständig	Erledigt
Zeit (von wann bis wann zu besetzen?)			
Erforderliche Personenzahl			
Detaillierte Aufgabenbeschreibung • Besucherempfang • Teilnehmerregistrierung • Aushändigen von Unterlagen • Veranstaltungsauskunft			
Erforderliche Fremdsprachen			
Erforderliche EDV-Kenntnisse			
Zugriff auf Firmenserver benötigt?			
Ausstattung Arbeitsplatz • Telefon • Computer • Drucker • Fax • Kopierer • Tisch • Stuhl			
Büromaterial – auch Reserve für Referenten und Moderator bereithalten			
Teilnehmerliste – letzter Stand – zur Registrierung			
Teilnehmerliste in EDV zum Abgleichen und Aktualisieren von Änderungen			
Reserveexemplare der Tagungsunterlagen			
Blöcke und Stifte für Teilnehmer			
Abdruck der Reden (Sollen diese an die Teilnehmer ausgegeben werden? Wenn ja, wann?)			
Liste angemeldeter Pressevertreter mit Faxnummer Redaktionen			
Pressemappen			
Kursbuch Bahn (oder Onlinezugang)			
Flugplan (oder Onlinezugang)			
Standplan (oder Onlinezugang)			
Telefonbuch (oder Onlinezugang)			
Kulturkalender			

Abbildung 30: Checkliste Tagungssekretariat (Teil 1)

Wichtige Rufnummern: • Servicenummer Techniker • Taxirufnummer • Restaurant • Hotels der Gäste (Namensliste) • Shuttleservice			
Öffnungszeiten der umliegenden Parkhäuser bekannt? Rufnummer!			

Abbildung 31: Checkliste Tagungssekretariat (Teil 2)

 Tipp

Halten Sie Ladegeräte gängiger Handymodelle bereit!

An Notfälle möchte bei der Veranstaltungsorganisation niemand denken. Dennoch ist es gerade dann besonders wichtig, dass Ihr Veranstaltungspersonal zur rechten Zeit die richtigen Schritte unternimmt. Machen Sie daher Ihr Personal mit folgenden Dingen vertraut:

Sicherheit	Einweisung von	Bemerkung	Zuständig
Notausgänge: Lage, Anzahl			
Feuerlöscher: Bedienung bekannt?			
Sanitäter am Veranstaltungsort? Rettungswagen?			
Ort und Ausstattung des Erste-Hilfe-Koffers:			
Wichtige Rufnummern: • Notarzt • Polizei • Feuerwehr • Krankenhaus • Servicenummer Technik • Taxi			

Abbildung 32: Checkliste Notfallprüfung

Externe Dienstleister und Partner

Bei nahezu jeder Veranstaltung werden Sie mit externen Dienstleistern oder Zulieferern zusammenarbeiten – vom Catering bis zum Erste-Hilfe-Personal.

Bereits bei der Kostenplanung und der Zusammenstellung des Personalteams haben Sie festgelegt, in welchen Bereichen Sie externe Dienstleister und Zulieferer einsetzen werden.

Nun ist es aber mit der richtigen Auswahl alleine natürlich nicht getan – in der „heißen Phase" kommt es immer wieder zu Abstimmungsbedarf und dringenden Rückfragen.

Eine simpel strukturierte Übersicht mit den Angaben
░ Firma
░ Bestellte Dienstleistung oder Ware (mit Lieferzeitpunkt und Infos zu Auf- und Abbau)
░ Ansprechpartner
░ Telefonnummer und Mobilnummer
░ E-Mail

– und zwar für sämtliche Partner, Dienstleister und Zulieferer wie: Hotels, Catering, Technik, Künstler, Servicepersonal, Hostessen, Dolmetscher, Reinigung, Dekoration/Blumen, Mietmöbel, Wachpersonal, Security, Sanitäter, Transportlogistik (Bus, Shuttle) ist bei der Veranstaltungsvorbereitung ein unentbehrliches Arbeitsmittel.

Bei den externen Dienstleistern und Partnern möchte ich gesondert auf die drei Punkte eingehen, die Ihren Teilnehmern erfahrungsgemäß besonders stark in Erinnerung bleiben: das Hotel, in welchem Ihre Gäste untergebracht sind, den Konferenzraum und die Teilnehmerverpflegung.

Tagungshotel

Findet Ihre Veranstaltung in einem Hotel statt? Werden Ihre Teilnehmer in einem Hotel untergebracht?

Neben den für Sie als Veranstalter wichtigen Punkten wie Kapazität und Preis kommt es darauf an, dass Anbindung, Service und Flexibilität mit den Anforderungen Ihrer Teilnehmer harmonieren. Denn die vielen kleinen Serviceleistungen und Facilities, die ein Hotel bietet, sind meist viel wichtiger als die Frage, wie viel Sterne das Haus hat.

Dienstleister/Zulieferer:	Ansprechpartner	E-Mail	Telefon (Mobil)
Firma Hier sollten Sie folgende Details eintragen: **Leistung/Ware** **Auftragsumfang** (was wurde genau bestellt): • Anzahl • Lieferung (Zeit und Ort) • Aufbau • Abbau • Service bei Defekt oder Ausfall			

Abbildung 33: Kontaktliste externe Dienstleister

Wie aber finden Sie das für Ihre Veranstaltung und Ihre Zielgruppe „richtige" Hotel? Folgende Checkliste wird Ihnen bei der Auswahl behilflich sein:

Auswahl Tagungshotel	Bemerkung/ Extras	Entscheidung/ Priorität	Erledigt
Attraktivität des Hauses			
Kapazität ausreichend?			
Preise/Verhandlungsspielraum			
Zahlungsbedingungen			
Reservierungsmöglichkeiten und Stornofristen			
Rückgabe No-shows			
Erfahrung mit Veranstaltungen Ihrer Art?			
Passen Haus, Lage, Image zu Ihrer Veranstaltung?			
	Ja/Nein	**Bemerkung**	**Entscheidung**
Lage: • Umgebung • Freizeitmöglichkeit • Anreisemöglichkeit • Infrastruktur • Transferangebote • Parkmöglichkeit (Sondervereinbarung)			

Abbildung 34: Checkliste Hotelauswahl für Events (Teil 1)

Ansprechpartner: • Entscheidungskompetenz • Zuständigkeit • Vertretung • Erreichbarkeit • Freundlichkeit			
Service verfügbar/buchbar? • Bankettservice • Wellness, Spa • Separater Check-In • Security			
Zimmer: • ausreichende Menge gleicher Kategorie • Late check-in • Late check-out • Lage • Suiten für VIPs • Raucher/Nichtraucher • Stand der Technik (W-LAN, ISDN)			
Restaurants: • Kategorien • Plätze • Öffnungszeiten • exklusiv buchbar • Stilrichtungen • Preise (Karte prüfen) • Flexibilität • Sondervereinbarungen möglich?			
Bar: • Öffnungszeiten • Angebot • Preise • Ambiente • Sondervereinbarungen möglich?			
Konferenzbereich: • vorhanden? • Stil • Lage/Erreichbarkeit? • Eindruck • Technische Ausstattung • Technischer Support • Preis • Flexibilität			

Abbildung 35: Checkliste Hotelauswahl für Events (Teil 2)

■ **Praxistipp: Tagungshotels**

Bei Tagungshotels sind in der Regel Profis am Werk! Nutzen Sie deren Erfahrung und binden Sie sie bereits in der Planungsphase mit ein.

Ausstattung Konferenzraum

Wieder ein Bereich, den Sie hervorragend delegieren können! Gehen Sie dabei wie folgt vor:

░ Gehen Sie die folgende Checkliste zunächst danach durch, ob die Punkte für Ihre Veranstaltung relevant sind (ja/nein-Spalten).

░ Legen Sie dann dort, wo dies erforderlich ist, die benötigte Anzahl fest.

░ Nun können Sie diese Checkliste einem Mitarbeiter oder der Tagungssekretärin weitergeben, der die Vorbereitung, Klärung und Überwachung für Sie übernimmt.

Ausstattung Konferenzraum	Ja	Nein	Anzahl	Erledigt
Bestuhlungsform gewählt?				
Tagungsgetränke: Im Raum? Temperatur? Service: Wann und wie häufig?				
Bühne (Probe)				
Rednerpult (Beschallungsprobe)				
Fahnen, Schilder				
Logos (Firmen- & Veranstaltungslogo)				
Dekoration				
Tagungsunterlagen, Schreibblöcke und Stifte				
Namenschilder (mit Reserve-Blankos)				
Flip-Chart und Boardmarker				
Büromaterial & Moderatorenkoffer (Inhalt prüfen)				
Bestellte Technik vorhanden? Technik-Probe! Reserve vorhanden? Technischer Support anwesend?				
Dolmetscherkabine (Probe)				
Beleuchtung/Verdunklung im Raum einstellbar?				
Lärmschutz: Angrenzende Räume? Nachbarveranstaltungen?				
Heizung/Klimatisierung im Raum regelbar?				
Beistelltisch				
Abfalleimer				

Abbildung 36: Checkliste zur Überprüfung Konferenzraum

Hier eine Übersicht über die gängigen Bestuhlungsformen, damit Sie und das Veranstaltungshaus die gleiche Sprache sprechen.

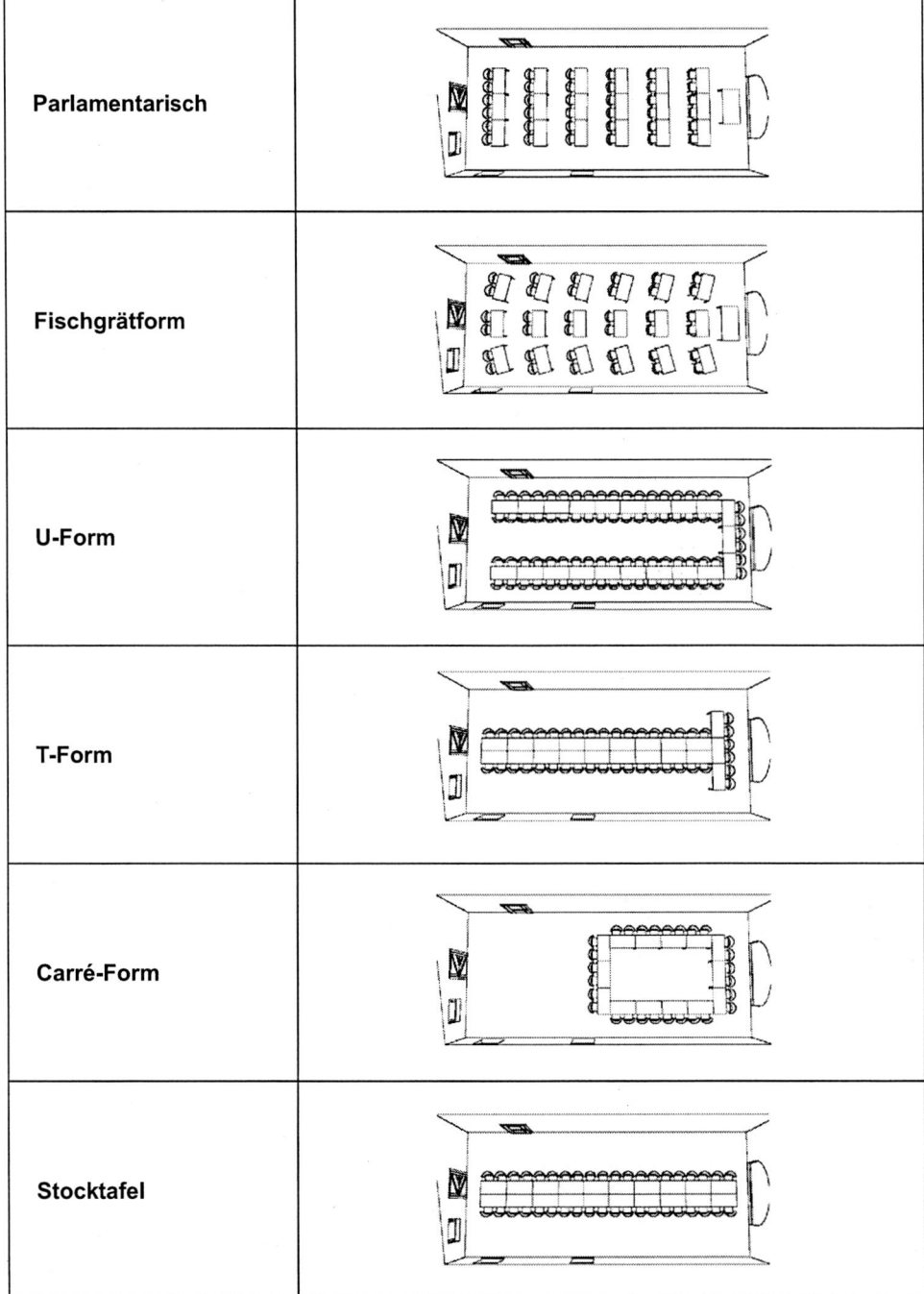

Parlamentarisch	
Fischgrätform	
U-Form	
T-Form	
Carré-Form	
Stocktafel	

Abbildung 37: Bestuhlungsformen für Events

Teilnehmerverpflegung

Der Bereich Teilnehmerverpflegung ist für das Wohlbefinden Ihrer Gäste natürlich besonders wichtig und trägt wesentlich zur Stimmung bei einer Veranstaltung bei. Legen Sie genau fest, was wann angeboten werden soll:

Teilnehmerverpflegung	Was?	Wann?	Wo?	Ansprechpartner (Name, Telefon)
Tagungsgetränke (Art & Menge): Wann wird aufgefüllt?				
Pause vormittags: Speisen Getränke				
Pause mittags: Speisen Getränke				
Pause nachmittags: Speisen Getränke				
Mittagessen extern? Telefonnummer Anfahrt Was ist bestellt?				
Abendessen extern? Telefonnummer Anfahrt Was ist bestellt?				
Besondere Bestellungen (Vegetarier, Veganer ....)				
Crewcatering				
Bewirtung Fahrer, Sicherheit etc.				

Abbildung 38: Planungshilfe Teilnehmerverpflegung

5. Erfolgskontrolle

Wie können Sie den Erfolg der Veranstaltung messbar machen?

Eine Grundsatzentscheidung bei der Erfolgsmessung ist, wann (vor, während oder nach der Veranstaltung) und auf welche Weise sie durchgeführt werden soll. Denn die Wege, die Ihnen dafür zur Verfügung stehen, sind sehr unterschiedlich – nicht zuletzt hinsichtlich Aufwand und Kosten.

Nachfolgend einige gängige Beispiele aus meiner Praxis:

Auswertung von Gesprächsberichten nach Messen

Gesprächsberichte werden klassischer Weise auf Messen eingesetzt. Durch die enorme Anzahl an Kontakten und Informationen ist es dort besonders wichtig, die Inhalte jedes Gesprächs und jedes Kontaktes in einem solchen Gesprächsbericht festzuhalten.

Gesprächsberichte eignen sich beispielsweise sehr gut, um dem Geschmack Ihrer Zielgruppe auf die Spur zu kommen. Hier könnten Sie beispielsweise Muster eines neuen Produktes in verschiedenen Farben oder Ausführungen ausstellen und die Besucher befragen, welches Modell oder welche Ausstattung sie bevorzugen. Vorteile: Ihre Frage richtet sich gezielt an ein Fachpublikum oder Ihre Kundschaft. Die Besucher können das reale Produkt in Natura begutachten – dies ist gerade bei Qualitäts-merkmalen wie Haptik und Gewicht ein Aspekt, den auch die beste Fotografie nicht ersetzen kann.

Zur Erfolgsmessung müssen Gesprächs-berichtsformulare auf die jeweiligen Veranstaltungsziele abgestimmt werden. Schlüsselfragen zur Erfolgsmessung sollten als Pflichtfelder kenntlich gemacht werden, damit diese beim Gespräch nicht vergessen werden. Der Kostenaufwand für eine Befragung per Gesprächsbericht ist allerdings relativ hoch. Denn neben den Entwicklungskosten für das Befragungsformular fallen Personalkosten für die Befragungsaktion sowie Kosten für die Auswertung der Bögen an. Kosten und Nutzen sollten daher sorgfältig abgewogen werden.

Persönliche Besucherbefragung

Die persönliche Besucherbefragung ist ein sehr beliebtes Instrument. Wesentliche Vorteile: Der Besucher fühlt sich mit seiner Meinung wichtig und ernst genommen, und durch gezielt gestellte offene Fragen können zahlreiche weitere Informationen gewonnen werden.

Die persönliche Befragung kann zu verschiedenen Zeitpunkten durchgeführt werden:

- vor einer Veranstaltung, um den Wissensstand, die Stimmung oder Erwartungen der Teilnehmer zu ermitteln
- während einer Veranstaltung, um Eindrücke und Erlebnisse festzuhalten

nach der Veranstaltung, um Veranstaltungserfolge zu messen oder auch um die Veränderungen gegenüber den im Vorfeld abgefragten Daten zu ermitteln

Mit persönlichen Besucherbefragungen erzielen Sie die höchste Teilnahmequote. Die Qualität der Befragung erhöht sich maßgeblich, wenn die Befragung durch geschultes Personal durchgeführt wird, damit die Antworten wirklich vergleichbar sind und nicht etwa Suggestivfragen gestellt werden.

Achtung: Setzen Unternehmen zur Befragung eigene Mitarbeiter ein, sollten diese den Teilnehmern nicht bekannt sein – sonst wird das Ergebnis der Befragung verfälscht. Denn das Gesetz der Höflichkeit verbietet es vielen Menschen, dem Gastgeber nach einer Einladung eventuell negative Punkte direkt ins Gesicht zu sagen.

Möglich ist auch eine „undercover-Befragung", bei der die Teilnehmer den Interviewer ebenfalls für einen Teilnehmer halten. Bei dieser Befragungsart erhalten Sie meist die ehrlichsten Antworten, allerdings ist das nur möglich, wenn die Teilnehmer untereinander nicht (alle) bekannt sind.

Anonyme Besucherbefragung

Die anonyme Besucherbefragung ist ebenfalls zu unterschiedlichen Zeitpunkten möglich: Eine schriftliche Befragung können Sie vor, während und nach einer Veranstaltung durchführen, eine Befragung mit einem Internet-Fragebogen können Sie vor oder nach der Veranstaltung per E-Mail versenden.

Die anonyme Befragung ist die kostengünstigste Befragungsmethode, bei der allerdings auch mit einer wesentlich geringeren Rücklaufquote zu rechnen ist: Die Beteiligung liegt häufig um 50% unter der einer persönlichen Befragung. Sie können die Rücklaufquote allerdings erhöhen, wenn Sie diese Befragung mit Anreizmethoden wie einem Gewinnspiel oder dem Versand eines „Dankeschön" koppeln.

Eine spannende Möglichkeit zur anonymen Befragung während einer Veranstaltung bieten auch elektronische Abstimmungsgeräte (die TED-Umfragen kennen Sie vielleicht noch aus dem Fernsehen) oder die Vergabe von Laserpointern an die Teilnehmer, die dann zu einer Frage, die von einem Moderator gestellt wird, ihren Lichtstrahl beispielsweise auf ein Ja- oder ein Nein-Feld richten können.

Kombinationen dieser Möglichkeiten

Sie können all diese Möglichkeiten natürlich auch miteinander kombinieren – allerdings ist es hier wichtig, zu beachten, dass eine Änderung der Methode aufgrund einer veränderten Rücklaufquote auch das Ergebnis verändern kann.

Hauptziel der Erfolgsmessung ist, festzuhalten, ob und wie genau Ihr Veranstaltungshauptziel erfüllt wurde. Allerdings lässt sich eine Befragung auch nutzen, um weitere Punkte wie Nebenziele abzufragen. Eine Besucherbefragung liefert somit viele wichtige Hinweise auch für künftige Veranstaltungen.

Beispiele für klassische Faktoren der Erfolgsmessung:

- Wie viele neue Kunden konnten erreicht werden?
- Mit wie vielen Stammkunden konnten Gespräche geführt werden?
- Welche Anregungen/Kommentare bekamen Sie von Ihren Besuchern hinsichtlich: Ihrer Produkte, Ihres Sortiments …
- Wofür interessierten sich Ihre Besucher besonders?
- Wie war die Presseresonanz?

Weitere Beispiele zu Zieldefinition, Konkretisierung und Umsetzung erhalten Sie im Kapitel 3 Veranstaltungsziel auf Seite 21.

Checkliste: Erfolgsmessung

Die folgende Checkliste hilft Ihnen, für Ihr Unternehmen den größtmöglichen Nutzen aus der Erfolgsmessung zu ziehen:

Erfolgsmessung	Definition durch	Freigabe durch	Definieren bis	Erledigt
Allgemeines Veranstaltungsziel				
Veranstaltungshauptziel				
Befragungszeitpunkt bzw. -zeitraum				
Befragungsmethode				
Auswertung der Befragung durch				

Abbildung 39: Checkliste Erfolgsmessung

6. Nachbereitung

Nach der Veranstaltung ist vor der Veranstaltung

Der letzte Teilnehmer ist gegangen, der Chef hat Ihnen gratuliert, Sie möchten totmüde ins Bett fallen – doch ich habe eine schlechte Nachricht: Auch nach der Veranstaltung ist Ihre Arbeit noch immer nicht beendet! Denn nach der Veranstaltung ist immer auch vor der Veranstaltung. Eine gute Nachbearbeitung sollte möglichst zeitnah erfolgen, damit die Erinnerung aller Beteiligten noch frisch ist. Durch wirklich nichts können Sie so viel für Ihre künftigen Veranstaltungen lernen wie durch Ihre eigenen Erfahrungen!

Das bleibt noch zu tun:

Führen Sie Feedbackgespräche, in denen Sie die Beteiligten um Rückmeldung bitten, was gut lief und wo Verbesserungsbedarf besteht.

Geben Sie auch dem Veranstaltungsteam und dem Projektteam Feedback.

Bedanken Sie sich bei Lieferanten, Sponsoren und Dienstleistern, schaffen Sie gute Voraussetzungen für eine künftige Zusammenarbeit.

Arbeiten Sie eventuelle Adress- oder Namensänderungen in die Teilnehmerdatei ein – es wäre schade, wenn diese Informationen versacken.

Kontrollieren Sie, dass alles in ordnungsgemäßem Zustand hinterlassen und zurückgegeben wird.

Führen Sie den Soll-/Ist-Vergleich durch, kontrollieren Sie eventuelle Abweichungen und halten Sie fest, was diese verursacht hat.

Erstellen Sie die Endabrechnung, bezahlen Sie Dienstleister, Lieferanten etc.

Führen Sie Ihre Erfolgsmessung durch und geben Sie Bericht an Ihren Vorgesetzen.

Versenden Sie versprochene Unterlagen, Reden etc.

Versenden Sie eventuelle Reminder an Ihre Teilnehmer (Fotos, Filme etc.).

Eine gründliche Nachbereitung spart Ihnen bei künftigen Veranstaltungen Zeit und Geld!

Hier eine kleine Übersicht, damit nichts und niemand vergessen wird:

Veranstaltungsnachbereitung	Umsetzung	zuständig	Termin
Persönliches „Danke" an alle Beteiligten			
Dankschreiben an Referenten, Gastredner, Moderatoren, Hotel, Dienstleister			
Feedbackgespräche zeitnah			
Abnahme Rückbauten			
Abrechnung			
Kontrolle der Abweichungen			
Soll-/Ist-Vergleich			
Erfolgsmessung			
Verbesserungsvorschläge sammeln und in kommende Veranstaltungen einarbeiten			
Aktualisierung Teilnehmerdatei			
Reminder an Teilnehmer versenden			
Eventuell Mitschriften an Interessenten versenden			
Presseclippings einholen			
Dokumentation archivieren (Bild, Ton, Mitschriften, Handout etc.)			
Eventuell Bericht an Vorgesetzte			

So, nun haben Sie es aber wirklich geschafft! Sie haben das erforderliche Handwerkszeug und kennen die Zusammenhänge.

Mit auf Ihren Weg als EventmanagerIn möchte ich Ihnen ein immer noch aktuelles Wort des griechischen Philosophen Demokrit (460 bis 370 v.Chr.) geben:

„Mut steht am Anfang des Handelns – Erfolg am Ende!"

Herzlich Ihre

Melanie Dressler

7. Anhang

Recherchequellen

Informations- und Recherchequellen (Stand: 08/2004)

Hotels und Veranstaltungshäuser

Unternehmen	Website	Leistungen
European Hotel Reservation	www.european-hotelres.de	Kostenlose Anfrage nach Hotels für Tagungen, Seminare und Kongresse
Hotelbuchungsportal	www.hotel.de	Hotelbuchungssystem mit mehr als 130.000 Hotels, gute Sortierungsmöglichkeiten, z. B. Sonderpreise, Messehotels, Kongresshotels
Internetportal für Tagungshotels	www.toptagungshotels.de	Internetplattform mit den besten Tagungshotels in Deutschland
Tagungshotels	www.tagungshotels.de	Hotelsuche und Buchungsservice
Tagungsplaner	www.tagungsplaner.de	Hotel-, Location- und Dienstleistersuche
Unabhängige Vermittlung von Tagungshotels	www.u-v-t.de	Unabhängige und kostenfreie Hotelvermittlung für Tagungen, Konferenzen und sonstige Veranstaltungen (mehr als 8.000 Tagungshotels)
VA-Planer	www.va-planer.de	Große Auswahl an Tagungshotels, aber auch Locations und Rahmenprogrammen

Locations

Unternehmen	Website	Leistungen
Eventforum	www.eventforum.de	Großes Verzeichnis von verschiedenen Locations, aber auch Künstler-, Technik- und Verleihverzeichnisse
Eventmanager – Internetportal für Eventmarketing- und Veranstaltungsbranche	www.eventmanager.de	Eventnews, Jobbörse, verschiedene Links zu Verbänden oder Herstellerfirmen
German Convention Bureau	www.gcb.de	Schnittstelle zwischen internationalen Veranstaltern von Tagungen, Kongressen und Incentives
Intergerma – Tagungsdatenbank	www.intergerma.de	Kostenfreier Service der Tagungsvermittlung inkl. Hotelsuche, Hotelvormerkliste
Spezialist für Underground- und Caribic-Locations	www.inter-location.de	Großes Angebot von der einfachen Wohnung bis hin zur exklusiven Villa, bietet ebenso Location-News

Termine

Unternehmen	Website	Leistungen
AUMA – Ausstellungs- und Messe-Ausschuss der Deutschen Wirtschaft e.V.	www.auma.de	Messedaten, Branchenkennzahlen, Messeplanung Inland/Ausland, Adressen/Links
Sekretariat der Ständigen Konferenz der Kultusminister der Länder in der Bundesrepublik Deutschland Referat Kommunikation, Presse und Öffentlichkeit	www.kmk.org	Ferienkalender, Termine, Internetadressen
Weltzeituhr	www.weltzeituhr.com	Feier- und Gedenktage, Kalender, Reiseplanung, Terminplaner sowie Aktuelles in Bezug auf Reise und Verkehr

Routenplanung

Unternehmen	Website	Leistungen
ADAC	www.adac.de	Routenplaner, Stauprognosen, Verkehr, Autovermietungen
Falk Marco Polo Interactive GmbH	www.marcopolo.de	Routenplaner, HolidayGuide, LanguageGuide, Last Minute Shop
Mapsolute GmbH	www.map24.de	Routenplaner, Karten, Adresssuche
NOVACOM GmbH	www.veturo.com	Detaillierte Routenplanung mit vielen Ausgabeoptionen und vier Druckversionen für unterwegs
PTV AG	www.reiseplanung.de	Routenplaner, Stadtplanservice, Verkehrslage, Reiselinks
Verwaltungs-Verlag GmbH	www.stadtplan.net	Stadtpläne und Karten aus ganz Deutschland

Verkehrsmittel

Unternehmen	Website	Leistungen
E-Sixt AG	www.e-sixt.de	Umfangreiches Internetangebot: Mietwagen, Chauffeurservice u.v.m.
EUROPCAR Autovermietung GmbH	www.europcar.de	Umfassendes Service- und Leistungsspektrum, unterschiedlicher Reservierungsmöglichkeiten, flexible Fahrzeuglösungen
FlightTime GmbH	www.flighttime.de	Bereich Vollcharterflüge und Serviceleistungen, 24 Stunden Service
TravelShop – Tourismus & Internet Service GmbH	www.travelshop.de	Übersicht aller Airlines und Flughäfen mit Link, Hotelbuchungen, Mietwagen
Deutsche Bahn	www.bahn.de	Kostenfreie Auskunft über Fahrpläne sowie kostenfreies Buchungsportal für Fahrten mit der Bahn
Limousinenservice-Portal	www.limosearch.com	Limousinen, Fahrzeuge mit Fahrern, Sightseeing-Touren

Flughäfen in Deutschland (Auswahl)

Flughafen	Airport-Code	Website	Telefon-Zentrale
Berlin Schönefeld Berlin Tegel	TXL SXF	www.berlin-airport.de	0180-5000186
Düsseldorf Airport	DUS	www.duesseldorf-international.de	0211-4210
Frankfurt Airport	FRA	www.frankfurt-airport.de	01805-3724636
Hamburg Airport	HAM	www.ham.airport.de	040-50750
Hannover Airport	HAJ	www.hannover-airport.de	0511-9770
Leipzig/Halle	LEJ	www.leipzig-halle-airport.de	0341-2241159
München	MUC	www.munich-airport.de	089-97500

Künstler

Unternehmen	Website	Leistungen
Berufsverband der Disk-Jockeys, BVD e.V.	www.bvd-ev.de	Marktplatz für Dienstleistungsangebote und -gesuche, Überblick über Messen der Branche
Künstlerdienst des Arbeitsamtes	www.kuenstlerdienst.de	Kostenloses Service Portal für Künstler (Musik, Acts etc.)

Redner, Referenten, Trainer

Unternehmen	Website	Leistungen
CSA Celebrity Speakers GmbH	www.csa-online.de	Internationaler Speakerpool, Auflistung der Top-Redner, Möglichkeit der direkten Buchung
Marktplatz für Mitarbeiter- und Führungskräftequalifizierung	www.seminarmarkt.de	Größte Seminar-Datenbank im deutschsprachigen Raum für die Mitarbeiter- und Führungskräftequalifizierung
Online-Service für Trainer und Unternehmen	www.trainer.de	Trainer, Dozenten und Coaches für Ihren Weiterbildungsbedarf
Ramsauer & Guillot – Referenten-Kommunikation	www.referenten.de	Bekannte und kompetente Referenten aus Wirtschaft, Politik und Gesellschaft, Wissenschaft und Forschung, Kultur und Sport

Veranstaltungstechnik

Unternehmen	Website	Leistungen
DTHG Deutsche Theatertechnische Gesellschaft	www.dthg.de	Unterrubriken wie Bühne/Studio, Beleuchtung, Ton, Dekorationsbau, Requisite, Kostüm und Maske
Plattform der Konferenztechnik	www.konferenztechnik.de	Lexikon der Konferenztechnik, Link zum Verleih von Veranstaltungstechnik

Hinweise zum Ausfüllen des Formularsatzes „Veranstaltungen"

Bevor Sie bei diesem elfseitigen Formularsatz gänzlich verzweifeln, sollten Sie folgendes beachten:

1. Der Allgemeine Antrag auf den Seiten 2 und 3 ist immer auszufüllen.

2. Ansonsten richtet sich der Umfang ganz danach, was Sie bei „Ihrer" Veranstaltung geplant haben. Das heißt:

   2.1 Bei Nutzung von öffentlichen Flächen: Zusätzlich Seite 4 – Flächennutzung ausfüllen

   2.2 Bei Abgabe von Speisen und Getränken und/oder Verkürzung der Sperrzeit: Zusätzlich Seite 5 und 6 - Speisen/Getränke/Sperrzeit ausfüllen.

   2.3 Bei Veranstaltungen nach § 69 Gewerbeordnung (z.B. Messen, Ausstellungen, Großmärkte und Volksfeste): Zusätzlich Seite 7 - Veranstaltungen § 69 Gewerbeordnung ausfüllen.

   2.4 Bei einer Tombola: Zusätzlich Seite 8 - Tombola ausfüllen

   2.5 Bei Musikdarbietungen: Zusätzlich Seite 9 - Musikdarbietungen/Beschallungsanlagen im Freien ausfüllen.

   2.6 Bei Feuerwerk (nur Klasse II / Silvesterfeuerwerk): Zusätzlich Seite 10 – Feuerwerk ausfüllen.

   2.7 Bei Fliegenden Bauten (z.B.: Festzelt, Doppelstockzelt, Zirkuszelt, Konzertbühne, Bühne, Fahrgeschäft, Karussell, Achterbahn, Riesenrad, Sitz- und Stehtribüne usw.): Zusätzlich Seite 11 – Anzeige zur Aufstellung von Fliegenden Bauten ausfüllen.

3. Bitte immer beachten: Auf allen Formularen ist der gleiche Veranstaltungsname zu verwenden, damit bei der Übersendung kein „Papiersalat" entsteht. Sollten Sie die Unterlagen per Fax schicken, bitte direkt alles auf einmal in einer Sendung!

Für weitere Informationen wenden Sie sich bitte unter folgenden Telefon/Telefax-Nummern direkt an das Service-Center Veranstaltungen.

Telefon: ++49 (0)69 212-42502, 212-42522 oder 212-44194
Telefax: ++49 (0)69 212-43218, 212-44102
E-Mail: scv@stadt-frankfurt.de

Stadt Frankfurt am Main
Ordnungsamt 32.22.3 (SCV)
Postfach 11 17 31
60052 Frankfurt am Main

| **Weitere Auskünfte unter** |
| Telefon: ++49-(0)69 / 212-42502 |
| ++49-(0)69 / 212-42522 |
| ++49-(0)69 / 212-44194 |
| Telefax: ++49-(0)69 / 212-43218 |
| ++49-(0)69 / 212-44102 |

Antrag
zur Durchführung einer Veranstaltung – Allgemeine Angaben

Name	Vorname	
Straße		Hausnummer
PLZ	Ort	
Telefon	Fax	E-Mail

Bezeichnung der Veranstaltung	Art der Veranstaltung
Datum der Veranstaltung	Gibt es für die Veranstaltung eine Internetseite ? **www.**

Ort der Veranstaltung (Straße und Hausnummer)

☐ in einem Gebäude	
☐ im Freien	

Zeitlicher Ablauf

Aufbauzeiten (Tage/Uhrzeit)	von	bis
Publikumseinlass	am	ab ... Uhr
Veranstaltungszeiten (Tage/Uhrzeit)	von	bis
Abbauzeiten (Tage/Uhrzeit)	von	bis

Erwartete Besucherzahl	Geschätzte Personenzahl ☐ pro Tag ☐ Gesamt

Verantwortliche Personen vor Ort (Telefon- und/oder Mobilfunknummer angeben; bei Großveranstaltungen ist ein Kommunikations- verzeichnis beizufügen)			
Für den Eigentümer/Betreiber: (Gelände/Privatgelände)	Name	Vorname	Telefon/Mobilfunk
Für den Veranstalter:	Name	Vorname	Telefon/Mobilfunk
Sonstige:	Name	Vorname	Telefon/Mobilfunk

Ich bin damit einverstanden, dass die Veranstaltungsdaten (Bezeichnung, Termin, Ort) sowie Veranstalterdaten (Name, Institution, Telefon, Fax, E-Mail, Internetseite) im Veranstaltungskalender des Rhein-Main-Net/frankfurt.de veröffentlicht werden.

☐ ja   ☐ nein

Ort, Datum   Unterschrift

Antrag
zur Durchführung einer Veranstaltung II – Flächennutzung

Veranstaltung	
Name der Veranstaltung	
Fläche (bitte stets genauen Bereich angeben)	
☐ Straße/Platz	Ort
☐ Fußgängerzone	Ort
☐ Park-/Grünanlage	Ort
☐ Sonstige	Ort

Sind Verkehrsmaßnahmen (Straßensperrungen, Haltverbotszonen o.ä.) erforderlich ?

☐   nein

☐   ja (bitte detaillierte Skizze/Plan beifügen und nachstehende Punkte prüfen)

    ☐   Die Verkehrsmaßnahmen sollen eigenverantwortlich, ggf. unter Beauftragung einer Privatfirma durchgeführt werden.

    ☐   Die Verkehrsmaßnahmen sollen eigenständig durchgeführt werden. Ich/Wir bitten darum, dass das Material vom Straßenbauamt der Stadt Frankfurt am Main zur Verfügung gestellt wird.

    ☐   Nur bei großen Festen: Die Verkehrsmaßnahmen sollten, soweit möglich, durch das Straßenbauamt durchgeführt werden. Es ist bekannt, dass entstehende Kosten für Beschilderungsmaßnahmen dem Verantwortlichen in Rechnung gestellt werden.

Die Reinigung des Veranstaltungsbereiches erfolgt durch folgende Personen/Firma	
Name der Firma/Person	Adresse der Firma/Person

Hinweis: Durch die Veranstaltung erforderliche Maßnahmen im Bereich des öffentlichen Personen≠nahverkehrs (z.B. Umleitungen, Verstärkungen, u.ä.) werden Ihnen von der Verkehrsgesellschaft Frankfurt mbH – VGF – in Rechnung gestellt.

Antrag
zur Durchführung einer Veranstaltung III – Speisen/Getränke/Sperrzeit

Veranstaltung	
Name der Veranstaltung	
Name und Anschrift des Antragstellers	Nur ausfüllen, falls nicht identisch mit Ihren Angaben im Antrag - Allgemeine Angaben (Blatt 2)

Angaben zum Antragsteller		
☐ Gewerbetreibender	☐ Verein	☐ Privat

Gestattung für die Abgabe von Speisen/Getränken (§ 12 Abs. 1 Gaststättengesetz)

Zeitraum	Tag(e) / Uhrzeit(en)	
☐ Ort und Straße	Größe **(in m2)**	Anzahl der Stände Bei mehreren Ständen bitte die nachfolgende Anlage verwenden. Darüber hinaus bitte Planskizze mit genauer Bezeichnung der einzelnen Standorte und der Standbetreiber beifügen.
☐ Halle/Saal ⇨		
☐ Gaststätte/ Vereinsheim ⇨		
☐ Zelt ⇨		
☐ Im Freien ⇨	Inklusive Sitzmöglichkeiten (in m2)	

Umfang der Abgabe von Speisen/Getränken

☐ Speisen	☐ alkoholfreie Getränke	☐ alkoholische Getränke

Verkürzung der Sperrzeit

Für die Nacht/Nächte zum _____ auf _____ Uhr.

_____   _____
Ort, Datum   Unterschrift

Vermerk der Behörde (nicht von der Antragstellerin/vom Antragsteller ausfüllen)	
Gebühren	___. Polizeirevier
§ 12 Gestattung	Herr/Frau
Sperrzeit	(keine) Bedenken.

Anlage
zur Durchführung einer Veranstaltung III – Speisen/Getränke/Sperrzeit

Bei mehreren Ständen ist eine Planskizze mit genauer Bezeichnung der einzelnen Standorte und der Standbetreiber beizufügen.

Name, Verein	Gewerbe-	Verein	Privat	Welche Speisen/Getränke sollen abgegeben werden?	Standgröße in Quadratmeter inkl. Sitz-/Stehmöglich-keiten
	☐	☐	☐		
	☐	☐	☐		
	☐	☐	☐		
	☐	☐	☐		
	☐	☐	☐		
	☐	☐	☐		
	☐	☐	☐		
	☐	☐	☐		
	☐	☐	☐		
	☐	☐	☐		
	☐	☐	☐		
	☐	☐	☐		
	☐	☐	☐		
	☐	☐	☐		
	☐	☐	☐		
	☐	☐	☐		
	☐	☐	☐		
	☐	☐	☐		

Antrag
zur Durchführung einer Veranstaltung IV – Veranstaltung gemäß § 69 Gewerbeordnung

Veranstaltung		
Name der Veranstaltung, Ort/Straße		
Art der Veranstaltung		
☐ Messe ☐ Ausstellung ☐ Großmarkt	☐ Wochenmarkt ☐ Spezialmarkt	☐ Jahrmarkt ☐ Volksfest
Angabe des Warenkreises		
Zugelassenes Publikum	☐ Wiederverkäufer/innen	☐ Endverbraucher/innen
Öffnungszeiten	Tage / Uhrzeiten	

Veranstalter	
Name	Vorname
Wohnung	
Betriebssitz	
Telefon / Fax / E-mail	

Wichtiger Hinweis: Veranstalter/-in ist diejenige natürliche oder juristische Person, die aufgrund der für die betreffende Veranstaltung geltenden Teilnahmebestimmungen gegenüber den Ausstellern/-innen, Anbietern/-innen und Besuchern/-innen Rechte erwirbt oder Verpflichtungen eingeht.

Veranstaltungsleiter	
Name	Vorname
Wohnung	
Telefon / Fax / E-Mail	

Hinweis - Folgende Unterlagen sind bei Veranstaltungen nach § 69 Gewerbeordnung vorzulegen:

1. Führungszeugnis (Belegart "O")
2. Auskunft aus dem Gewerbezentralregister
3. Vorläufiges Aussteller/innenverzeichnis (mindestens 12 Teilnehmer/innen)
4. Skizze der Stände mit Notausgängen bzw. im Freien der Feuerwehrzufahrten

Ort, Datum   Unterschrift

Antrag
zur Durchführung einer Veranstaltung V – Tombola

Wichtiger Hinweis:
Eine Antragstellung ist nur durch gemeinnützige Vereine und Institutionen möglich.

Veranstaltung	
Name der Veranstaltung, Veranstaltungsort	
Name und Anschrift des Antragstellers	Nur ausfüllen, falls nicht identisch mit Ihren Angaben im Antrag - Allgemeine Angaben (Blatt 2)
Umfang der Tombola	
Anzahl der Lose	
Anzahl der Gewinne	Mindestens 25 % der ausgespielten Losanzahl muss Gewinne enthalten
Preis je Los	in €uro
Verwendungszweck des Tombolaerlöses	

Ort, Datum   Unterschrift

Antrag
zur Durchführung einer Veranstaltung VI –
Musikdarbietungen / Beschallungsanlagen im Freien

Veranstaltung	
Name der Veranstaltung	
Name und Anschrift des Antragstellers	Nur ausfüllen, falls nicht identisch mit Ihren Angaben im Antrag - Allgemeine Angaben (Blatt 2)
Name und Telefon der verantwortlichen Person vor Ort	
Näheres zur Musikdarbietung/Beschallung	
Datum	
Uhrzeit(en)	
Sollen Musikdarbietungen an Sonn-/Feiertagen vor 12.00 Uhr stattfinden?	☐ nein ☐ ja, für folgenden Zeitraum (Tag/e und Uhrzeit/en angeben)
Genauer Standort auf dem Veranstaltungsgelände	
Welche Art der Beschallung ist vorgesehen?	☐ Livemusik mit Lautsprecher/Verstärkeranlage ☐ Livemusik mit unverstärkten Instrumenten ☐ Musikdarbietungen von Tonträgern (Tonband, CD, etc.) ☐ Moderation/Ansprachen/Durchsagen über Lautsprecher
Zeitpunkt Soundcheck (Datum/Uhrzeit)	

Hinweis: Finden mehrere Programmpunkte statt, ist ein möglichst genaues Ablaufprogramm beizufügen !

Ort, Datum   Unterschrift

Antrag
zur Durchführung einer Veranstaltung VII –
Feuerwerk (nur Klasse II/Silvesterfeuerwerk)

Veranstaltung	
Name der Veranstaltung	
Name und Anschrift des Antragstellers	Nur ausfüllen, falls nicht identisch mit Ihren Angaben im Antrag - Allgemeine Angaben (Blatt 2)
Näheres zum Feuerwerk	
Anlass	
Zeitpunkt (Datum/Uhrzeit)	
Maximal zulässige Endzeiten • Mai, Juni, Juli: 23:30 Uhr • Sonstige Sommerzeit 23:00 Uhr • Übriges Jahr 22:00 Uhr	
Art des Feuerwerks	☐ Bodenfeuerwerk Anzahl und Art der Artikel: ☐ Höhenfeuerwerk Anzahl und Art der Artikel:
Ort des Feuerwerks (Bitte möglichst genau angeben)	

Hinweis: Bitte legen Sie diesem Antrag eine möglichst genaue Skizze des Abbrennortes bei, aus der die Abstände zu Straßen, Gebäuden und anderen Hindernissen (z.B. Bäume) deutlich erkennbar sind. Diese Angaben sind für die sicherheitstechnische Beurteilung Ihres Antrages von entscheidender Bedeutung. Anträge ohne Skizze des Abbrennortes können nicht bearbeitet werden!

Ort, Datum   Unterschrift

Formularsatz Veranstaltung VIII -
Anzeige zur Aufstellung von Fliegenden Bauten (§ 74 HBO)

Veranstaltung	
Name der Veranstaltung	
Name und Anschrift für den Gebührenbescheid	
Telefon	Fax Email
Antrag-Nr.	(wird von der Bauaufsicht ausgefüllt) **FB-200 - _____ - 7**
Liegenschaft (Aufstellungsort) mit genauer Lageerklärung	
Art der baulichen Anlage	z.B. Festzelt, Doppelstockzelt, Zirkus, Konzertbühne, Bühne, Fahrgeschäft, Tribüne, Belustigungsgeschäft - bitte jeweils Art und Namen angeben
Maximale Höhe der baulichen Anlage	Ab 5 Meter Höhe besteht Genehmigungspflicht (Ausnahme Zelte)
Grundfläche des überdachten Bereiches	Bei Zelten besteht ab 100 Quadratmeter Genehmigungspflicht
Standzeit der baulichen Anlage	Beginn
Art der Inneneinrichtung bei Zelten	
Prüfbuch vorhanden	ja, Prüfbuch-Nr. _____ nein
Vorschlag zum Abnahmetermin	Bei Zelten muss auch die Inneneinrichtung vorhanden sein.

Maßgebend für die Höhe der Gebühren sind das Hessische Verwaltungskostengesetz und die Gebührensatzung der Bauaufsicht Frankfurt am Main. Für Rückfragen steht Ihnen bei der Bauaufsicht Herr Kinkel (Tel.: ++49-(0)69 / 212 37815 oder 212 33754, Fax ++49-(0)69 / 212 37820, E-Mail robert.kinkel@stadt-frankfurt.de) zur Verfügung.

Ort, Datum   Unterschrift

BusinessVillage – Update your Knowledge!

* BusinessVillage Bestseller

Faxen Sie dieses Blatt an:
+49 (5 51) 20 99-105

Oder senden Sie Ihre Bestellung an:
BusinessVillage GmbH
Reinhäuser Landstraße 22, 37083 Göttingen
Tel. +49 (5 51) 20 99-100
info@businessvillage.de

Ja, ich bestelle:

☐ Exemplar(e)   ☐ Exemplar(e)

Speak Limbic – Wirkungsvoll präsentieren

Präsentieren bedeutet Ziele erreichen! Einfach den Auftrag bekommen, Forderungen durchsetzen, Wissen vermitteln, andere von eigenen Ideen überzeugen, als Mensch kompetent und sympathisch ankommen. Dieser Leitfaden begleitet Sie wie ein Rhetorik-Coach vom Tag des Präsentations-Auftrags bis zum Applaus der Teilnehmer Schritt für Schritt mit Fragen, Tests, Katalogen für Argumente und Überzeugungsmitteln.

Art.-Nr. 625
21,80 € • 22,50 € [A] • 35,90 CHF

Endlich frustfrei! Chefs erfolgreich führen

Wie kann ich meinen Chef dazu bringen, das zu tun, was ich will? Diese Frage stellen sich viele Mitarbeiter. Eigentlich ganz einfach! Praxisnah erfahren Sie in diesem Buch, wie Sie Ihren Chef auf Ihre Seite ziehen und ihn für Ihre Ideen und Ziele gewinnen. So klappts endlich mit dem Chef!

Art.-Nr. 596
21,80 € • 22,50 € [A] • 35,90 CHF

(Alle Praxisleitfäden der Edition PRAXIS.WISSEN kosten 21,80 € • 22,50 € [A] • 35,90 CHF)

Menge	Art.-Nr.	Titel	Einzelpreis €/CHF
1	669	>> KOSTENLOS – Erfolgsfaktoren	0,00 €

Firma

Vorname   Name

Straße   Land   PLZ   Ort

Telefon   E-Mail

Datum, Unterschrift

BusinessVillage – Update your Knowledge!